Princípios da Teoria de Controle

WENDELL DE QUEIRÓZ LAMAS

GIORGIO E. O. GIACAGLIA

Copyright © 2018 Wendell de Queiróz Lamas & Giorgio Eugenio Oscare Giacaglia

Todos os direitos reservados.

ISBN: 9781792104893

Catalogação na Publicação (CIP)

Ficha Catalográfica feita pelo autor

L217p
    Lamas, Wendell de Queiróz, 1968 -
        Princípios da teoria de controle / Wendell de Queiróz Lamas, Giorgio Eugenio Oscare Giacaglia – Seattle, WA: CreateSpace, LLC., 2018.
        89 p.

    ISBN: 9781792104893

        1. Teoria de Controle. 2. Engenharia de Controle de Processos. 3. Sistemas. I Título.

CDU 62-5.134.3(73)A519.874
CDD 620

DEDICATÓRIA

Ao meu avô, Alceu (*in memoriam*), à minha mãe, Bernadete (*in memoriam*), e ao meu pai, Hélio, que sempre me incentivaram a estudar e a alcançar meus objetivos.
A Daiana, minha esposa e companheira, que, sempre a meu lado, tornou mais esta jornada possível.

(Wendell)

Para minha companheira de muitas batalhas Solange e meus queridos filhos Marcelo, Rogério, Luciano, Maria Cecília, Caio, Enzo e Nicholas.

(Giorgio)

CONTEÚDO

	Agradecimentos	i
1	Introdução	1
2	Conceitos e Definições	3
3	Estratégias e Algoritmos de Controle	11
4	Tipos de Controle	23
5	Funções de Transferência	31
6	Gráficos de Fluxo de Sinal	49
7	Critério de Estabilidade de Routh-Hurwitz	59
8	Método do Lugar Geométrico dos Polos (ou Lugar das Raízes ou Método *Root-Locus*)	67
	Bibliografia	77

AGRADECIMENTOS

Aos amigos que sempre confiaram e incentivaram meu trabalho: embora não estejam mencionados nominalmente, eles nunca serão esquecidos.
(Wendell)

1 INTRODUÇÃO

Esta obra tem por objetivo apresentar um resumo da teoria a respeito do controle de processos, tendo como meta principal a introdução desses conceitos por meio da apresentação de soluções práticas, utilizando-se programas aplicativos específicos para tanto, abrangendo as diversas especialidades da Engenharia e suas subáreas.

Os conceitos e definições aqui comentados, podem ser facilmente encontrados na ampla literatura a respeito da Engenharia de Controle de Processos, algumas dessas referências são inclusive citadas aqui entre as referências bibliográficas.

2 CONCEITOS E DEFINIÇÕES

Introdução

Neste capítulo são relacionados os conceitos fundamentais da Engenharia de Controle, com o intuito de proporcionar ao leitor conhecimento básico sobre a teoria básica do controle de processos. Dentre esses conceitos fundamentais, são relacionadas as definições de sistemas físicos e de modelos, além das classificações dos sistemas de controle e alguns fundamentos matemáticos indispensáveis às análises dos sistemas a serem projetados ou controlados.

Tais conceitos permitirão um melhor estudo analítico de sistemas físicos e a melhor utilização de técnicas convencionais relacionadas com Engenharia de Controle. A Figura 2.1 ilustra a relação entre os sistemas físicos e sua representação por meio de modelos.

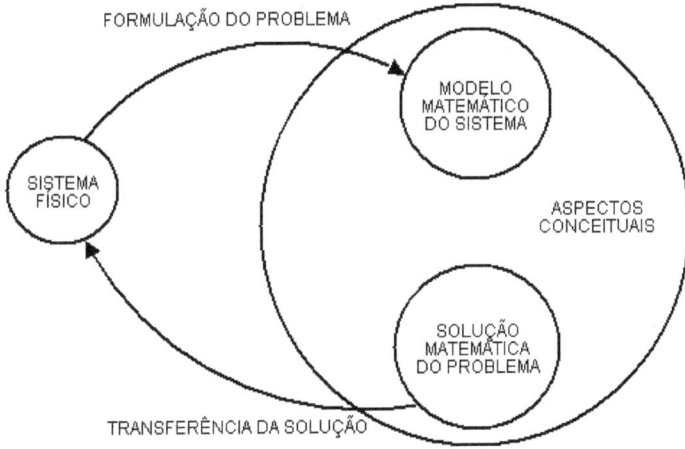

Figura 2.1. Relação entre sistema físico e modelos.

A Figura 2.2. ilustra o diagrama representativo do algoritmo típico para a resolução de problemas.

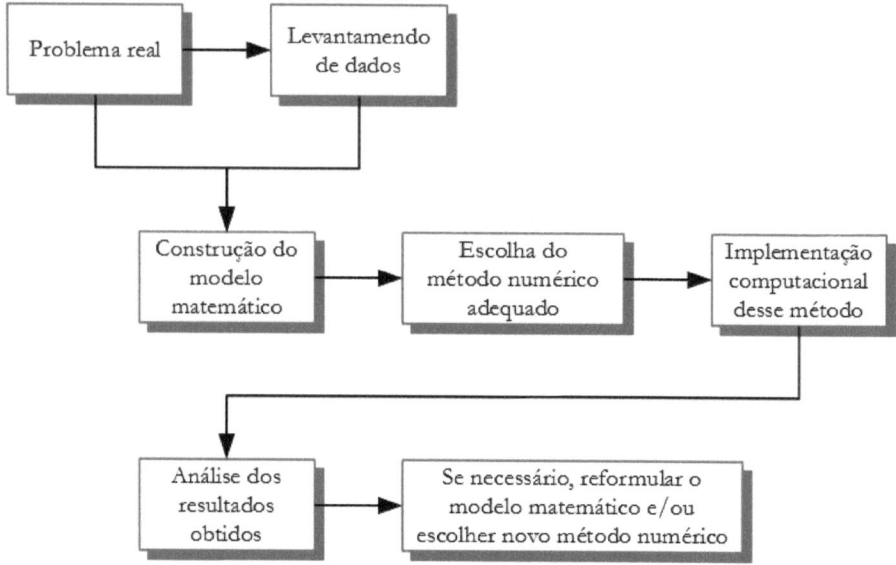

Figura 2.2. Diagrama representativo do algoritmo típico para a solução de problemas (Ruggiero and Lopes 1996).

Os resultados obtidos dependem também:
- Da precisão dos dados de entrada (esses dados contêm uma precisão que lhes é inerente);
- Da forma como estes dados são representados no computador;
- Das operações numéricas efetuadas.

2.1. Sistemas Físicos

Sistema pode ser definido como sendo a combinação de vários componentes com a finalidade de atuarem juntos na realização de uma tarefa que não seja possível de ser realizada individualmente por cada um desses componentes (D'Azzo and Houpis 1975).

Sistemas físicos são os sistemas reais com os quais as pessoas interagem em seu dia-a-dia, profissionalmente ou não. Como exemplo de sistemas físicos podem ser citados os automóveis, os elevadores, as células de manufatura de uma fábrica, os motores elétricos, entre outros.

Especificamente em uma fábrica, os componentes podem ser descritos como sendo a associação de estruturas e recursos, assim como as tarefas podem ser referidas como os objetivos almejados. Por exemplo, prédios, galpões e equipamentos são as estruturas; o capital de giro (investimento, manutenção e operação), os insumos, a mão-de-obra e a energia representam os recursos; e a fabricação de um ou mais produtos forma o objetivo (Silva 2005).

Assim, dependendo da área de atuação da fábrica, é possível relacionar uma grande variedade de sistemas físicos: unidades armazenadoras, unidades frigoríficas, produtos químicos, beneficiamento de leite, refino de petróleo, distribuição de água, supermercados, agências bancárias, transmissão e distribuição de energia, tratamento de esgoto, unidades de conservação ambiental, entre outras.

A Figura 2.3 ilustra a estrutura formadora de uma unidade de armazenagem.

Figura 2.3. Unidade de armazenagem (Universidade Federal de Lavras 2005).

Na Figura 2.3 pode ser observado um sistema físico, representado por uma unidade de armazenagem formada por um conjunto de silos dispostos em torno de uma central de recebimento e processamento (Universidade Federal de Lavras 2005).

A Figura 2.4 ilustra uma cabine de comando de uma aeronave.

Figura 2.4. Cabine de comando de uma aeronave (cortesia: NASA).

A Figura 2.4 ilustra um piloto do centro de Pesquisa da NASA Ames testando a instrumentação de bordo que está sendo desenvolvida por uma equipe formada por pesquisadores do Ames e da Boeing em um voo em perspectiva.

2.2. Modelo

O modelo matemático de um sistema físico é uma representação aproximada de um sistema real. Essa representação é o mais próxima da realidade quanto maior for o detalhamento dos dados utilizados, ainda assim, mediante os recursos matemáticos e computacionais que são disponíveis, estão muito longe de ser uma representação fiel dos detalhes que podem compor um sistema real, levando-se em conta todas as variáveis de controle, as variáveis a serem controladas e os distúrbios ou perturbações que possam existir.

A Figura 2.5 ilustra um exemplo clássico da Mecânica: o diagrama de corpo livre de um sistema massa-mola-amortecedor (MMA).

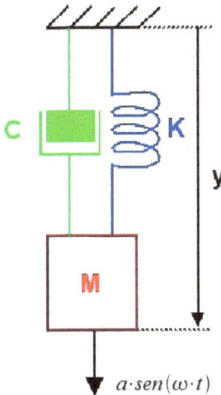

Figura 2.5. Diagrama de corpo livre MMA.

A Figura 2.5 é analisada considerando-se que há uma vibração no corpo (massa), a qual é provocada pelas forças que atuam sobre o mesmo. Assim, o modelo matemático desse sistema pode ser representado pela Equação (2.1).

$$M \cdot \frac{d^2 y}{dt^2} + K \cdot y + C \cdot \frac{dy}{dt} = M \cdot a \cdot \mathrm{sen}(\omega \cdot t) \qquad (2.1)$$

2.3. Classificação de Sistemas

Os sistemas de controle são classificados segundo suas características intrínsecas: com relação ao número de variáveis de entrada e saída (monovariáveis e multivariáveis); com relação à variável temporal (contínuos, discretos, quantizados e híbridos); com relação ao tipo de modelo (lineares e não lineares); com relação à estacionaridade (invariante e variante); com relação ao tipo de sinal (determinístico e estocástico); com relação à memória (instantâneos ou estáticos e dinâmicos); com relação ao relacionamento causa-efeito (causal e não causal); e com relação à ação de controle (SCMF e SCMA) (Carvalho 2000; Dorf and Bishop 2009).

2.3.1. Classificação pelo número de variáveis de entrada e de saída

Os sistemas são classificados segundo o número de variáveis de entrada e de saída que o representam como monovariáveis e multivariáveis.

Os sistemas monovariáveis (SISO – *Single In Single Out*) são aqueles sistemas que dispõem de uma variável de entrada e de uma variável de saída.

Os sistemas multivariáveis (MIMO – *Multiple In Multiple Out*) são aqueles que dispõem de múltiplas variáveis de entrada e de múltiplas variáveis de saída.

2.3.2. Classificação pela variável temporal

Os sistemas são classificados conforme a sua variação no tempo como contínuos, discretos, quantizados e híbridos.

Os sistemas contínuos, ou analógicos, são aqueles que têm comportamento constante durante os intervalos de tempo estabelecidos.

Os sistemas discretos, ou digitais, são aqueles que têm uma discreta variação no intervalo de tempo observado.

Os sistemas quantizados são aqueles que formam suas informações a partir de dados amostrais, obtidos em determinados intervalos de tempo.

Os sistemas híbridos são sistemas dinâmicos que integram características de componentes contínuos e de componentes discretos.

2.3.3. Classificação pelo tipo de modelo

Os sistemas são classificados segundo o tipo do modelo matemático que o representa como lineares e não lineares.

Sistemas Lineares do ponto de vista matemático são representados por equações lineares: equações algébricas lineares; equações de diferenças lineares; equações diferenciais lineares. A Equação (2.2) representa uma diferencial típica.

$$\frac{d^2 y}{dt^2} + a_1 \cdot \frac{dy}{dt} + a_0 \cdot y = x(t) \tag{2.2}$$

ordinária ou de derivadas parciais
linear ou não linear
quantas variáveis são dependentes e independentes
homogênea ou não homogênea
de 2ª ordem (exemplo acima)

Os sistemas lineares são aqueles nos quais o princípio matemático da superposição é mantido. Tais sistemas têm seus modelos representados por equações diferenciais ou por sistemas de equações diferenciais, os quais podem ser representados por matrizes lineares.

A Equação (2.3) ilustra um exemplo de matriz baseada em um sistema linear.

$$\begin{pmatrix} \dot{x}_1 \\ \dot{x}_2 \\ \dot{x}_3 \end{pmatrix} = \begin{pmatrix} 0 & \sqrt{2} & 1 \\ 1 & -1 & 4 \\ 2 & 0 & 1 \end{pmatrix} \cdot \begin{pmatrix} x_1 \\ x_2 \\ x_3 \end{pmatrix} + \begin{pmatrix} 1 & 0 \\ 0 & 1 \\ 1 & 1 \end{pmatrix} \cdot \begin{pmatrix} u_1 \\ u_2 \end{pmatrix} \tag{2.3}$$

Os sistemas não lineares são modelos matemáticos mais complexos que

permitem uma representação de um sistema físico com maior aproximação à realidade. Contudo, a resolução desses sistemas é bem mais difícil.
A Equação (2.4) ilustra um exemplo de modelo de um sistema não linear.

$$\dot{x} = f(x) + \sum_{i=1}^{m} g_i(x) \cdot u_i \qquad (2.4)$$

2.3.4. Classificação pela estacionaridade

Os sistemas podem ser classificados pela sua estacionaridade no tempo como variantes e invariantes no tempo.

Um sistema invariante no tempo é aquele para o qual uma mesma entrada resulta em uma mesma saída, independentemente de há quanto tempo o sistema está em funcionamento.

Já um sistema variante no tempo tem para um mesmo sinal de entrada vários sinais de saída, conforme o tempo em que está funcionando.

2.3.5. Classificação pelo tipo de sinal

Os sistemas são classificados segundo o seu tipo de sinal como determinísticos e estocásticos.

Um sistema determinístico tem como característica apresentar o sinal de saída como função direta do sinal de entrada.

Um sistema estocástico apresenta como sinal de saída uma função estatística a partir de amostragem do sinal de entrada.

2.3.6. Classificação pelo tipo de memória

Os sistemas são classificados pelo seu tipo de memória como instantâneos ou estáticos e dinâmicos.

Um sistema instantâneo ou estático é aquele que não varia o seu estado com o tempo.

Um sistema dinâmico é aquele sistema cujo estado varia com o passar do tempo.

2.3.7. Classificação pelo relacionamento causa-efeito

Um sistema é classificado segundo seu relacionamento causa-efeito como causal e não causal.

Um sistema causal é aquele que é tem seu sinal de saída modificado em função dos sinais de entrada anteriores a um determinado instante e nesse mesmo instante.

Um sistema não causal tem a capacidade de antecipar o sinal de saída sem a necessidade de sinais de entrada.

2.3.8. Classificação pela ação de controle

Os sistemas de controle são classificados segundo sua ação de controle em sistemas de controle em malha aberta (SCMA) e sistemas de controle em malha fechada (SCMF).

Os sistemas de controle em malha aberta (SCMA) se caracterizam por seu sinal de saída não provocar qualquer efeito na ação de controle. A precisão do sistema depende de sua calibração, que deve ser realizada em períodos de tempo determinados para conferência dos valores operacionais (*set-points*).

A Figura 2.6 ilustra o diagrama de blocos representativo de um SCMA.

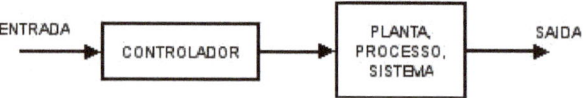

Figura 2.6. Diagrama de blocos geral de um SCMA.

"A saída não tem efeito na ação de controle".
- a precisão do sistema depende de uma calibração!
- qualquer sistema de controle que opera com base de tempo e de malha aberta.

Os sistemas de controle em malha fechada (SCMF), ou Sistema de Controle Realimentado, também conhecidos por sistemas de controle realimentados, se caracterizam pelo sinal de saída afetar a ação de controle com a finalidade de reduzir o erro (e) existente. Normalmente, é colocado um elemento sensor entre os sinais de saída e de entrada, com o intuito de realimentar a entrada do sistema com o valor da saída. Ocasionalmente, também é conectado à entrada um subsistema denominado "modelo de referência", o qual estabelece valores de referência para responder às perturbações que possam ocorrer durante a execução do processo.

A Figura 2.7 ilustra o diagrama de blocos representativo de um SCMF.

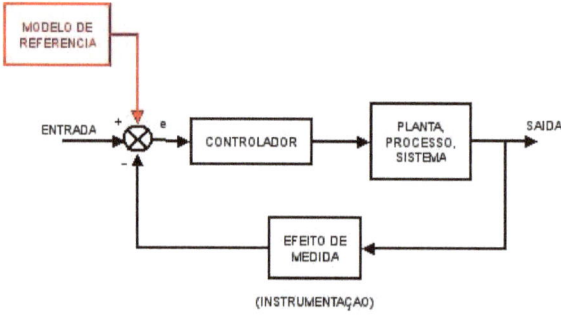

Figura 2.7. Diagrama de blocos geral de um SCMF.

O sinal de saída <u>afeta</u> a ação de controle com a finalidade de reduzir o <u>erro</u> (e).

3 ESTRATÉGIAS E ALGORITMOS DE CONTROLE

As estratégias e os algoritmos de controle se referem a padronizações consagradas nos meios acadêmico e industrial que estabelecem a forma com que a malha de controle irá responder às excitações dos sinais de entrada. Nesse quadro, destacam-se os sistemas de controle realimentado ou de retroação (*feedback*), antecipatório (*feedforward*), adaptativo, robusto e ótimo, entre outras estratégias e algoritmos, tais como modelo de referência, lógica nebulosa (*fuzzy*), avanço-atraso de fase, preditivo e LMI (Sastry and Bodson 2011).

3.1. Controle Realimentado

Um sistema de controle realimentado, ou de retroação, (feedback) aplica o tipo de estratégia que visa corrigir, automática ou manualmente, as variáveis representativas das grandezas físicas envolvidas em um processo, consequentemente, diminuindo a ação de perturbações à medida que essas interfiram no processo.

Um dos mais tradicionais exemplos de sistemas de controle é o chuveiro elétrico, ilustrado na Figura 3.1.

Figura 3.1. Exemplo de sistema de controle realimentado: chuveiro elétrico (cortesia: PRUEN).

Durante o banho (processo), a pessoa (sensor) detecta se a água está a seu gosto. Caso não esteja, ela aciona a torneira (controlador) fazendo com que o fluxo de água (variável de controle) torne a temperatura (variável controlada) agradável à sua necessidade.

3.2. Controle Antecipatório

Um sistema de controle antecipatório (*feedforward*) é projetado para medir diretamente as perturbações e para agir de forma a inibir o impacto dessas perturbações na saída do processo. A Figura 3.2 ilustra um diagrama de blocos típico desse tipo de estratégia de controle.

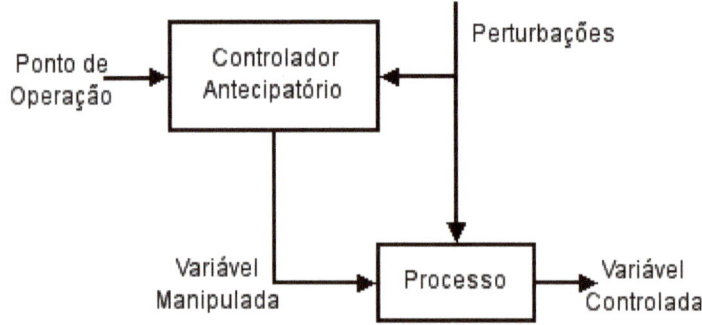

Figura 3.2. Diagrama de blocos típico de um controle antecipatório.

3.3. Controle em Cascata

O controle em cascata é a combinação de dois ou mais controladores, onde o sinal de saída de um controlador forma o ponto de operação do seguinte. É aplicado quando uma variável de controle é intermediária ao processo, possibilitando, assim, uma ação localizada para minimizar os efeitos de uma perturbação pontual. Normalmente, existem duas ou mais variáveis de

controle, mas apenas uma variável controlada.
A Figura 3.3 ilustra um controle em cascata típico.

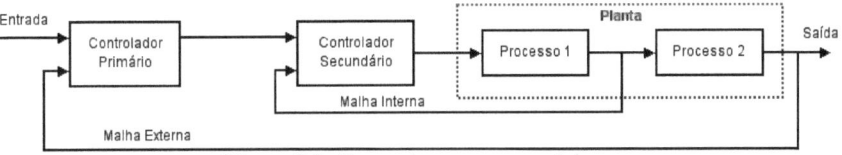

Figura 3.3. Controle em cascata típico.

3.4. Controle Adaptativo

É um controlador que tem como principal característica ter parâmetros ajustáveis, os quais são "sintonizados" em tempo real de acordo com algum mecanismo que tenha a finalidade de lidar com as variações da dinâmica do processo e as mudanças no ambiente, no decorrer do tempo.

3.4.1. Ganho escalonado

Um dos formatos mais simples e intuitivos do controle adaptativo é o ganho escalonado. Seu princípio de funcionamento visa encontrar variáveis de processo auxiliares, diferentes das saídas utilizadas na realimentação da planta, que estejam relacionadas com as mudanças na dinâmica do processo.
A Figura 3.4 ilustra o diagrama de blocos fundamental dessa abordagem.

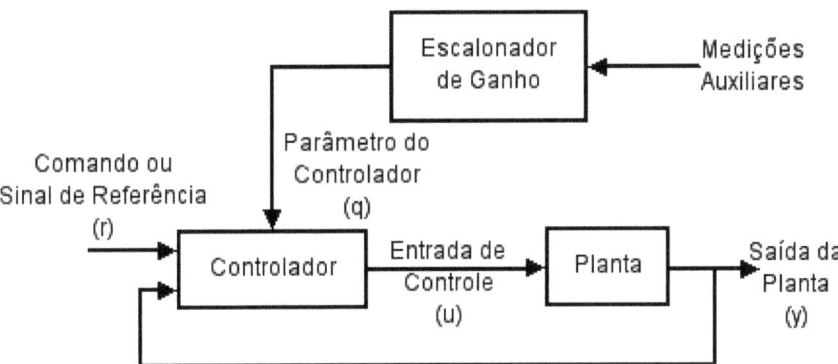

Figura 3.4. Diagrama de blocos de um controle adaptativo por ganho escalonado.

Sua principal característica é que os parâmetros podem ser mudados rapidamente, tão rápido quanto a medida da variável de processo auxiliar, em resposta às mudanças que ocorram na dinâmica da planta.

3.4.2. Modelo de Referência

Também surgido no contexto dos sistemas de controle de voo, 2 esquemas de controle adaptativo além do ganho escalonado foram propostos para compensar as mudanças na dinâmica da aeronave: esquema em série, de alto ganho e paralelo.

3.4.2.1. Esquema de alto ganho em série

A meta desse esquema é tornar o ganho o mais alto possível, o que faz com que a função de transferência em malha fechada da planta tenda a 1, até que alguma instabilidade seja detectada. Se as oscilações do ciclo limite excederem a seu nível de tolerância, o ganho é diminuído. Abaixo desse nível, o ganho é aumentado.

A Figura 3.5 ilustra o diagrama de blocos fundamental dessa abordagem.

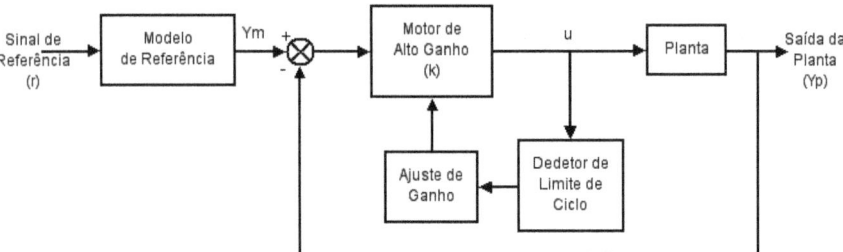

Figura 3.5. Diagrama de blocos de um controle adaptativo com esquema de alto ganho em série.

O esquema de alto ganho em série é intuitivo e simples: apenas um parâmetro é atualizado. Contudo, ele tem os seguintes problemas: oscilações estão constantemente presentes no sistema; ruído na banda de frequência do detector de ciclo limite causa que o ganho diminua até valores abaixo de seu valor crítico; referências de entrada podem causar saturação devido ao alto ganho; a saturação pode mascarar as oscilações do ciclo limite, deixando o ganho aumentar acima do valor crítico e conduzindo à instabilidade.

3.4.2.2. Esquema Paralelo

Como no esquema em série, o desempenho desejado do sistema em malha fechada é especificado por meio do modelo de referência e o sistema adaptativo tenta fazer com que a saída da planta combine com a saída do modelo de referência assintoticamente.

A Figura 3.6 ilustra o diagrama de blocos fundamental dessa abordagem.

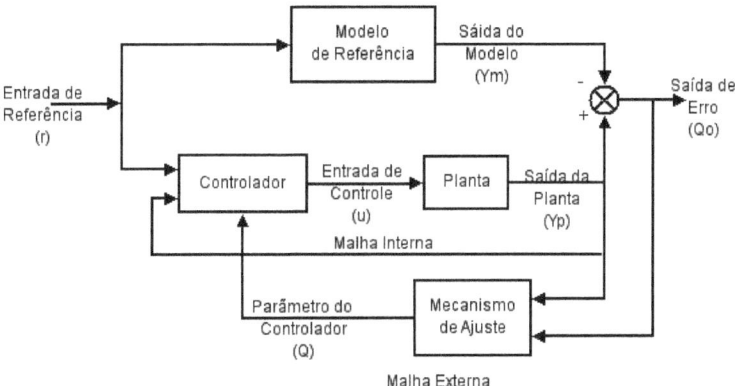

Figura 3.6. Diagrama de blocos de um controle adaptativo com esquema de alto ganho em paralelo.

O controlador pode ser resumido como tendo duas malhas: uma malha interna ou reguladora que é uma malha de controle ordinária consistindo da planta e do regulador e uma malha externa ou de adaptação que ajusta os parâmetros do regulador de tal forma que conduza o erro entre a saída do modelo e a saída da planta para zero.

3.4.2.3. Reguladores de auto ajuste

Nesta técnica de controle adaptativo, se inicia a partir de um método de projeto de controle para plantas conhecidas. Esse método de projeto é sintetizado por uma estrutura de controlador e uma relação entre os parâmetros da planta e os parâmetros do controlador. Desde que os parâmetros da planta sejam fatos desconhecidos, eles são obtidos utilizando um algoritmo de identificação de parâmetros recursivo. Os parâmetros do controlador são então obtidos a partir de estimativas dos parâmetros da planta.

A Figura 3.7 ilustra o diagrama de blocos fundamental dessa abordagem.

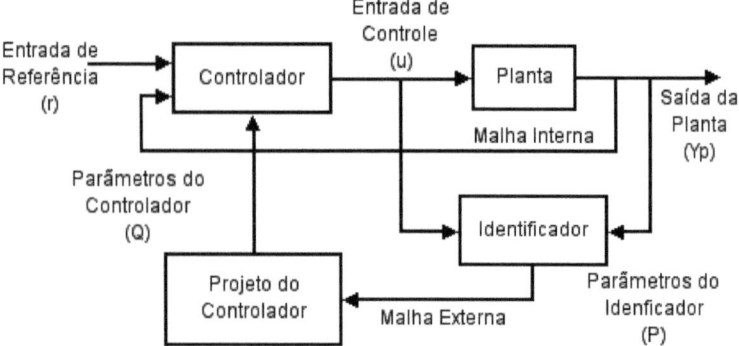

Figura 3.7. Diagrama de blocos de um controle adaptativo com auto ajuste.

O regulador de auto ajuste é muito flexível com relação às escolhas da metodologia de projeto do controlador e do esquema de identificação.

Embora os controladores adaptativos com modelo de referência e os reguladores com auto ajuste tenham sido apresentados como abordagens distintas, há apenas uma diferença entre eles: os esquemas com modelo de referência são esquemas de controle adaptativo diretos, enquanto os reguladores de auto ajuste são indiretos.

3.4.2.4. Abordagem de controle estocástico

Estruturas de controlador adaptativo baseadas em abordagem com modelo de referência ou com auto ajuste são baseadas em argumentos heurísticos. Ainda, estaria apelando para obter tais estruturas de uma estrutura teórica unificada. Isto pode ser feito, ao menos a princípio, usando o controle estocástico. O sistema e seu ambiente são descritos por um modelo estocástico e um critério é formulado para minimizar o valor esperado para uma função de perda, a qual é uma função escalar de estados e controles.

A Figura 3.8 ilustra o diagrama de blocos fundamental dessa abordagem.

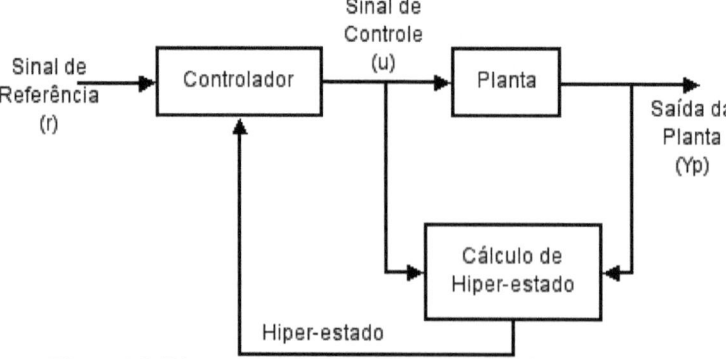

Figura 3.8. Diagrama de blocos de um controlador estocástico.

3.5. Controle Robusto

Controle robusto é a análise e projeto de sistemas de controle na presença de incertezas. O sucesso da utilização dessa abordagem é determinado pelas qualidades do modelo e do projeto. O estudo do controle robusto torna-se importante mediante ao fato de que os modelos nem sempre são perfeitos e frequentemente são imprecisos.

As incertezas podem estar presentes nos sinais, por exemplo perturbações desconhecidas e ruídos nas medições, e nos modelos, por exemplo parâmetros desconhecidos, dinâmicas de alta frequência não modeláveis e não linearidades ignoradas.

As incertezas não podem ser evitadas, mas podem ser gerenciadas.

As metas dessa abordagem são: identificar e quantificar as incertezas; análise do impacto da incerteza no desenvolvimento do sistema de controle (análise da robustez do sistema de controle); projetar sistemas de controle que provenham bom desempenho na presença de incertezas (projetar sistemas de controle robusto).

A Figura 3.9 ilustra um controlador robusto de um grau de liberdade (1-GDL).

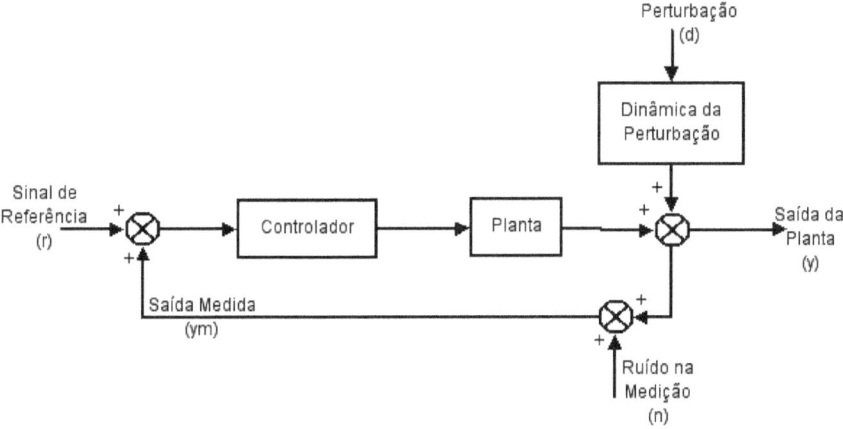

Figura 3.9. Diagrama de blocos de um controlador com 1-GDL.

Os projetos dos sistemas de controle robusto são realizados em espaços chamados de normados, em função de suas normas de sinais e sistemas. Esses espaços também são conhecidos como espaços de Hardy (H_2 e H_∞)

3.5.1. Controle H_2

Esse controle tem como característica a sua realimentação de estados ser realizada por meio de desigualdades matriciais lineares (DML), além de possuir realimentação de sua saída e alocação de polos.

3.5.2. Controle H_∞

Esse controle tem como característica a sua realimentação de estados ser realizada por meio de desigualdades matriciais lineares (DML), além de possuir realimentação de estados e de saída.

3.5.3. Controle misto H_2/H_∞

Tem características de modelos de otimização multiobjetivo.

3.6. Controle Preditivo

Modelo preditivo de controle é a classe de técnicas de controle avançado mais largamente aplicada nas indústrias de processos. A primeira vantagem dessa abordagem é o manuseio explícito das restrições. Em adição, a formulação para sistemas multivariáveis com atrasos de tempo é direta.

Esse modelo foi desenvolvido nas indústrias de processos, nas décadas de 60 e 70, sendo inicialmente baseado em ideias heurísticas e em modelos de resposta a impulso e degrau unitário de entrada e saída. As variáveis de decisão são um conjunto de variáveis a serem manipuladas futuramente e a função objetivo é minimizar desvios de trajetória desejada; restrições às variáveis manipuladas, de estado e de saída são naturalmente manuseadas nessa formulação. A realimentação do sistema é manipulada para que se provenha uma atualização do modelo a cada passo do tempo (frequentemente a correção de perturbações adicional), e desempenhar a otimização novamente (Bequette 2000).

A Figura 3.10 ilustra o diagrama de blocos generalizado para essa abordagem.

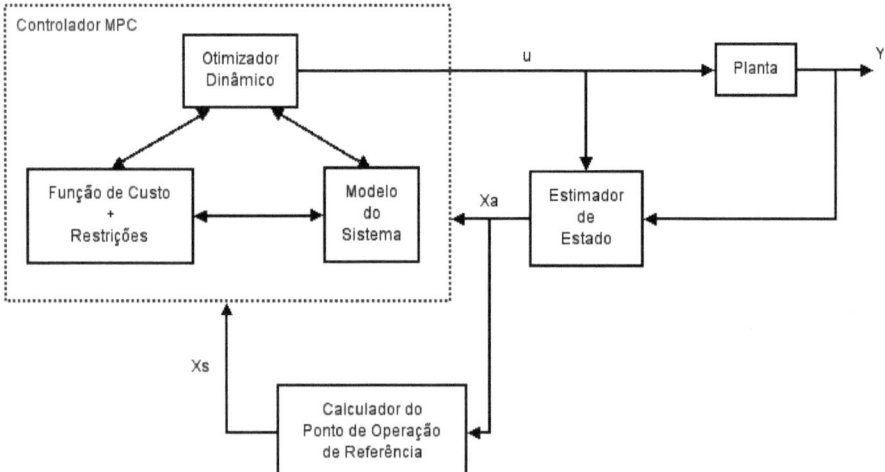

Figura 3.10. Diagrama de blocos fundamental da abordagem preditiva de controle.

3.7. Controle Ótimo

A teoria de controle ótimo governa estratégias para maximizar uma medida de desempenho ou minimizar uma função de custo enquanto o estado de um sistema dinâmico evolui. Se a informação que o sistema de controle deve usar for incerta ou se o sistema dinâmico estiver forçado por distúrbios aleatórios, não pode ser possível otimizar esse critério com certeza. O melhor a fazer deve ser maximizar ou minimizar o valor previsto do critério, dado suposições sobre as estatísticas dos fatores incertos. Isto conduz ao conceito do controle ótimo estocástico, a lógica de controle que reconhecem o comportamento aleatório do sistema e que tenta otimizar a resposta ou a estabilidade na média melhor que com precisão assegurada. Encontrar históricos ótimos do controle e do estado para sistemas dinâmicos é uma extensão da otimização estática (por exemplo, encontrando os parâmetros do controle que definem máximos ou mínimos ordinários de funções algébricas).

O controle ótimo tem por meta a maior eficiência do sistema, utilizando-se do Princípio de Pontryagin para minimizar o custo final da planta, assim como maximizar o desempenho da mesma (Miranda Lemos 2005; Pontryagin 1999).

Objetivos (exemplos):
- manter Y no valor desejado, mesmo em presença de perturbações (regulagem);
- seguir referências para Y, mesmo em presença de perturbações (seguimento de trajetórias);
- estabilizar o sistema controlado;
- impor uma dinâmica conveniente ao sistema controlado;
- otimizar o sistema (por exemplo, minimizar o consumo de energia, mantendo os objetivos - Controle Ótimo");
- manter um comportamento constante do sistema controlado, mesmo face a variações da dinâmica (Controle Adaptativo).

O Princípio de Pontryagin é uma condição necessária satisfeita pelas soluções do problema de controle ótimo.

Pode haver funções de controle que satisfaçam o Princípio de Pontryagin mas que não correspondem a máximos do funcional de custo.

O interesse do Princípio de Pontryagin nestes casos consiste em reduzir o número de hipóteses para as funções de controle ótimo, tornando então possível eliminar as soluções não ótimas, por exemplo analisando-as uma a uma.

Tal como foi formulado, o Princípio de Pontryagin diz respeito à maximização de um funcional.

O problema da minimização de um custo pode ser facilmente tratado multiplicando o respectivo funcional por -1.

Métodos indiretos:
- algoritmos de tiro: integra equações de sistema e equações adjacentes para x e lambda;
- método de gradiente: integra equação de sistemas para encontrar x.

Métodos diretos:
- algoritmos conceituais;
- aproximações consistentes (RIOTS).

3.7.1. Princípio de Maximização de Pontryagin

$$\text{Minimize} \quad J = \Phi \cdot (x(t)) + \int_{t_0}^{t_f} \mathcal{L}(x,u)\, dt \qquad (3.1)$$

Para

$$\dot{x} = f(x,u)$$
$$x(t_o) = x_o \qquad (3.2)$$
$$u \in U$$

3.7.1.1. Hamiltoniano

$$H(\lambda, x, u) = \mathcal{L}(x,u) + \lambda^T f(x,u) \qquad (3.3)$$

3.7.1.2. Equação adjacente

$$\dot{\lambda}^T = -\frac{\partial H}{\partial x}(\lambda, x, u) \qquad (3.4)$$

$$\lambda(t_f)^T = \frac{\partial \Phi}{\partial x}(t_f) \qquad (3.5)$$

3.7.1.3. Resultado ótimo

$$H(\lambda, \hat{x}, \hat{u}) = \inf_{u \in U} H(\lambda, \hat{x}, u) \equiv c \qquad (3.6)$$

4 TIPOS DE CONTROLE

O uso de um controlador, ou de uma associação de controladores, tem por objetivo contribuir ao sistema que se está controlando obtendo um tempo de subida rápido, o menor sobressinal e a eliminação do erro de regime.

Na literatura especializada, pode-se encontrar exemplos de associações de controladores adotados na prática das indústrias (Siemens 1990).

O mais comum, é o **elemento de transferência Proporcional**. O valor de saída (x_a) varia a um ganho constante (V_s), invariável no tempo, aplicado ao valor de entrada (x_e). A Figura 4.1 ilustra o bloco representativo desse elemento.

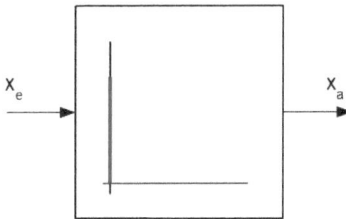

Figura 4.1. Bloco representativo do elemento de transferência proporcional.

A equação geral no tempo para a resposta do elemento proporcional é dada por

$$x_a(t) = V_S \cdot x_e(t). \tag{4.1}$$

Sua função de transição para uma entrada em degrau (X_e) é representada por

$$f(t)_P = \frac{x_a(t)}{X_e} = V_S \qquad (4.2)$$

A função de transferência para o bloco representativo de um elemento de transferência proporcional é

$$F(S)_P = \frac{x_a(s)}{x_e(s)} = V_S \qquad (4.3)$$

O **elemento de transferência Integrador** também é muito utilizado nos sistemas de controle. O valor de saída (x_a) varia a uma taxa proporcional aplicada ao valor de entrada (x_e). A Figura 4.2 ilustra o bloco representativo do elemento de transferência integrador.

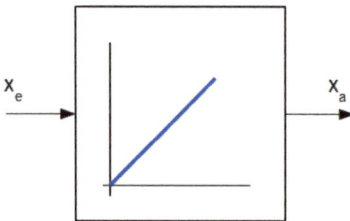

Figura 4.2. Bloco representativo do elemento de transferência integrador.

A equação geral no tempo para a resposta do elemento de transferência integrador é dada por

$$x_a(t) = \frac{1}{T_i} \cdot \int_0^t x_e(t) dt \qquad (4.4)$$

Sua função de transição para uma entrada em degrau (X_e) é representada por

$$f(t)_I = \frac{x_a(t)}{X_e} = \frac{t}{T_i} \qquad (4.5)$$

A função de transferência para o bloco representativo de um elemento de transferência integrador é

$$F(S)_I = \frac{x_a(s)}{x_e(s)} = \frac{1}{s \cdot T_i} \qquad (4.6)$$

O **elemento de transferência com Retardo de 1ª Ordem** representa um sistema onde uma das variáveis provoca atraso temporal ao sinal de entrada. A Figura 4.3 ilustra o bloco representativo desse elemento de transferência.

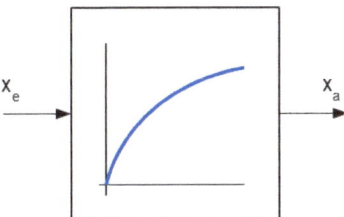

Figura 4.3. Bloco representativo do elemento de transferência com retardo de 1ª ordem.

A equação geral no tempo para a resposta do elemento de transferência com retardo de 1ª ordem é dada por

$$\frac{dx_a(t)}{dt} \cdot T_i + x_a(t) = V_s \cdot x_e(t) \tag{4.7}$$

Sua função de transição para uma entrada em degrau (X_e) é representada por

$$f(t)_{P-T_i} = \frac{x_a(t)}{X_e} = V_s \cdot \left(1 - e^{\frac{-t}{T_i}}\right) \tag{4.8}$$

A função de transferência para o bloco representativo de um elemento de transferência com retardo de 1ª ordem é

$$F(S)_{P-T_i} = \frac{x_a(s)}{x_e(s)} = V_s \cdot \frac{1}{1 + s \cdot T_1} \tag{4.9}$$

O **elemento de transferência com Retardo de 2ª Ordem** representa um sistema onde duas das variáveis existentes provocam atraso temporal ao sinal de entrada. A Figura 4.4 ilustra o bloco representativo de um elemento com retardo de 2ª ordem.

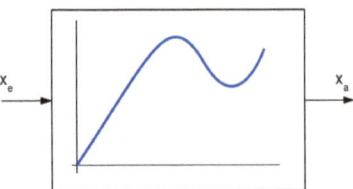

Figura 4.4. Bloco representativo do elemento de transferência com retardo de 2ª ordem.

A equação geral no tempo para a resposta do elemento de transferência com retardo de 2ª ordem é dada por

$$\frac{d^2 x_a(t)}{dt^2} \cdot (T_2)^2 + \frac{dx_a(t)}{dt} \cdot 2 \cdot \zeta \cdot T_2 + x_a(t) = V_s \cdot x_e(t) \quad (4.10)$$

Sua função de transição para uma entrada em degrau (X_e) é representada por

$$f(t)_{P-T_2} = \frac{x_a(t)}{X_e} = V_s \cdot \left[1 - e^{\frac{-\zeta}{T_2} \cdot t} \cdot \left(\cos(\omega \cdot t) + \frac{\zeta}{\omega \cdot T_2} \sin(\omega \cdot t) \right) \right] \quad (4.11)$$

A função de transferência para o bloco representativo de um elemento de transferência com retardo de 2ª ordem é

$$F(S)_{P-T_2} = \frac{x_a(s)}{x_e(s)} = V_s \cdot \frac{1}{1 + 2 \cdot s \cdot \zeta \cdot T_2 + s^2 \cdot (T_2)^2} \quad (4.12)$$

O sinal de saída de um elemento de transferência com retardo de 2ª ordem é amortecido durante o tempo de acomodação. Na Tabela 4.1 pode ser visto o tipo de sinal que se espera na saída de um sistema, segundo seu fator de amortecimento.

Tabela 4.1. Comportamento do sinal de saída de um elemento de transferência com retardo de 2ª ordem, segundo o seu fator de amortecimento.

z > + 1	Transição aperiódica
z = + 1	Caso limite aperiódico
0 < z < + 1	Transição oscilatória
z = 0	Oscilação senoidal, de amplitude constante
z < 0	Oscilação constante autossustentada, por "bombeamento"

O elemento de transferência **Proporcional-Derivadora** é a

associação das ações proporcional e derivadora, sendo essa ação originada pela derivada da variável de entrada. Há de se destacar que quanto maior for o tempo de diferenciação (T_d), maior será o peso da ação no sistema. O coeficiente de diferenciação (K_d) tem o mesmo valor do tempo de diferenciação, sendo ambos em **segundos**. A Figura 4.5 ilustra o bloco representativo do elemento de transferência proporcional-derivadora.

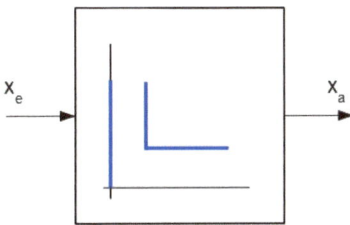

Figura 4.5. Bloco representativo do elemento de transferência proporcional-derivadora.

A equação geral no tempo para a resposta do elemento de transferência proporcional-derivadora é dada por

$$x_a(t) = V_S \cdot x_e(t) + T_d \cdot \frac{dx_e(t)}{dt} \qquad (4.13)$$

Sua função de transição para uma entrada em degrau (X_e) é representada por

$$f(t)_{PD} = \frac{x_a(t)}{dt} = V_S + \left(\infty \cdot t_\varepsilon = T_d \cdot X_e\right) \qquad (4.14)$$

sendo que $\infty \cdot t_\varepsilon = T_d \cdot X_e$ é conhecido por **agulha de Dirac** ou por **função impulso**.

A função de transferência para o bloco representativo de um elemento de transferência proporcional-derivadora é

$$F(S)_{PD} = \frac{x_a(s)}{x_e(s)} = V_S + s \cdot T_d = V_S \cdot \left(1 + s \cdot \frac{T_d}{V_S}\right) \qquad (4.15)$$

O **elemento de transferência Derivador com Retardo** apresenta como saída do sistema a derivada da variável de entrada associada a um atraso temporal.

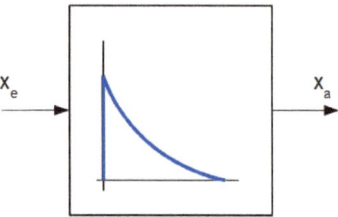

Figura 4.6. Bloco representativo do elemento de transferência derivador com retardo.

A equação geral no tempo para a resposta do elemento de transferência derivador com retardo é dada por

$$\frac{dx_a(t)}{dt} \cdot T_1 + x_a(t) = T_d \cdot \frac{dx_e(t)}{dt} \qquad (4.16)$$

Sua função de transição para uma entrada em degrau (X_e) é representada por

$$f(t)_{D-T_1} = \frac{x_a(t)}{X_e} = \frac{T_d}{T_1} \cdot e^{\frac{-t}{T_1}} \qquad (4.17)$$

A função de transferência para o bloco representativo de um elemento de transferência derivador com retardo é

$$F(s)_{D-T_1} = \frac{x_a(s)}{x_e(s)} = \frac{s \cdot T_d}{1 + s \cdot T_1} \qquad (4.18)$$

O **elemento de transferência com Tempo Morto** tem a saída com atraso de tempo em relação à entrada. A Figura 4.7 ilustra o bloco representativo do elemento de transferência com tempo morto.

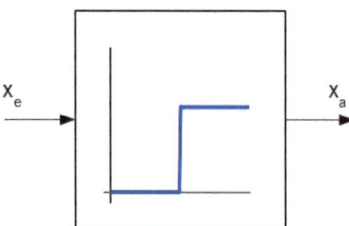

Figura 4.7. Bloco representativo do elemento de transferência com tempo morto.

A equação geral no tempo para a resposta do elemento de transferência com tempo morto é dada por

$$x_a(t) = V_S \cdot x_e(t - T_t) \qquad (4.19)$$

Sua função de transição para uma entrada em degrau (X_e) é representada por

$$x_a(t) = V_S \cdot X_e(t - T_t) \qquad (4.20)$$

A função de transferência para o bloco representativo de um elemento de transferência com tempo morto é

$$F(S)_{P-T_t} = \frac{x_a(s)}{x_e(s)} = V_S \cdot e^{-s \cdot T_t} \qquad (4.21)$$

O **elemento de transferência Não-Linear** tem um sinal de saída que é uma função do sinal de entrada. A Figura 4.8 ilustra o bloco representativo do elemento de transferência não-linear mais comum à literatura especializada.

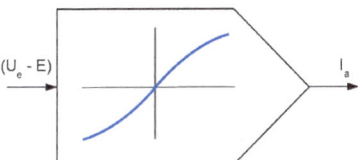

Figura 4.8. Bloco representativo do elemento de transferência não-linear.

A equação geral no tempo para a resposta do elemento de transferência não-linear é representada por

$$x_a(t) = f[x_e(t)] \qquad (4.22)$$

Sua resposta com ganho pode ser definida a partir de

$$V_S = V_{S_{ZERO}} \cdot \phi_1 \cdot (X_e) \qquad (4.23)$$

Seu comportamento transitório para uma entrada em degrau (X_e) é representado por

$$T = T_{ZERO} \cdot \phi_2 \cdot (X_e) \qquad (4.24)$$

5 FUNÇÕES DE TRANSFERÊNCIA

Uma função de transferência é uma representação matemática da relação entre a entrada e a saída de um sistema linear invariante no tempo. A função de transferência é normalmente utilizada na análise de circuitos analógicos que mantêm a relação de uma entrada simples para uma saída simples (*single-input single-output*). É principalmente utilizado em sistemas lineares, teoria de sistemas invariantes no tempo, processamento de sinais, teoria de comunicação e teoria de controle.

Na sua forma mais simples para sinais contínuos no tempo, a função de transferência pode ser escrita no formato:

$$H(s) = \frac{Y(s)}{X(s)} \qquad (5.1)$$

onde H(s) representa a função de transferência, Y(s) é a função de saída e X(s) é a função de entrada. Em sistemas discretos no tempo, a função é escrita de forma similar:

$$H(z) = \frac{Y(z)}{X(z)}. \qquad (5.2)$$

5.1. Processamento de Sinais

Sejam *x(t)* a entrada de um típico sistema linear invariante no tempo e *y(t)* a sua saída, sendo as transformadas de Laplace de *x(t)* e *y(t)*:

$$\mathcal{L}\{x(t)\} \equiv \int_{-\infty}^{\infty} x(t)e^{-st}dt = X(s) \tag{5.3}$$

e

$$\mathcal{L}\{y(t)\} \equiv \int_{-\infty}^{\infty} y(t)e^{-st}dt = Y(s), \tag{5.4}$$

então a saída é relacionada à entrada pela função de transferência H(s): Y(s) = H(s)X(s),

$$H(s) = \frac{Y(s)}{X(s)}.$$

Em particular, se um sinal harmônico complexo com um componente senoidal com amplitude $|X|$, frequência angular ω e fase $\arg(x)$.

$$x(t) = |X|e^{j(\omega t + \arg(x))} = Xe^{j\omega t} \tag{5.5}$$

onde

$$X = |X|e^{j\arg(x)} \tag{5.6}$$

é a entrada de um sistema linear invariante no tempo, então a componente correspondente na saída é:

$$y(t) = |Y|e^{j(\omega t + \arg(y))} = Ye^{j\omega t} \tag{5.7}$$

e

$$Y = |Y|e^{j\arg(y)}. \tag{5.8}$$

Note-se que, no sistema linear invariante no tempo, a frequência de entrada ω não mudou, apenas a amplitude e o ângulo de fase da senóide é alterado pelo sistema. A frequência de resposta H(jω) descreve essa mudança para qualquer frequência ω em termos de ganho:

$$G(\omega) = \frac{|Y|}{|X|} = |H(j\omega)| \qquad (5.9)$$

e deslocamento de fase:

$$\theta(\omega) = \arg(Y) - \arg(X) = \arg(H(j\omega)). \qquad (5.10)$$

O atraso de fase (i.e., a amostra dependente da frequência do atraso da senóide introduzida pela função de transferência) é:

$$\tau_\varphi(\omega) = -\frac{\theta(\omega)}{\omega}. \qquad (5.11)$$

O atraso do grupo (i.e., a amostra dependente da frequência do atraso do envelope da senóide introduzida pela função de transferência) é:

$$\tau_g(\omega) = -\frac{d\theta(\omega)}{d\omega}. \qquad (5.12)$$

A função de transferência pode também ser mostrada utilizando a transformada de Fourier a qual é um caso especial da transformada de Laplace bilateral para o caso onde $s = j\omega$.

5.1.1. Engenharia de controle

Em engenharia de controle e em teoria de controle a função de transferência é derivada utilizando a transformada de Laplace.

A função de transferência foi a ferramenta primária utilizada na engenharia de controle clássico. Entretanto, ela tem provado ser de difícil manejo para análise de sistemas com múltiplas entradas e múltiplas saídas (*multiple-input multiple-output* – MIMO), e tem sido largamente suplantada pelas representações em espaço de estados para tais sistemas.

5.1.2. Óptica

Em óptica, a função de transferência da modulação descreve a habilidade de um sistema óptico para transferir o contraste.

Por exemplo, se uma série de barras pretas e brancas alternadas é desenhada a uma frequência espacial específica, onde essas barras são observadas, a imagem será um tanto degradada. As barras brancas podem aparecer um pouco mais escurecidas e as barras pretas serão algo mais claras.

Por definição, a função de transferência da modulação a uma frequência espacial dada é definida como segue:

$$MTF(f) = \frac{M(imagem)}{M(fonte)}, \quad (5.13)$$

onde a modulação (M) é derivada da luminância (L) da imagem ou da fonte, como segue:

$$M = \frac{(L_{max} - L_{min})}{(L_{max} + L_{min})} \quad (5.14)$$

5.2. Diagrama de Blocos

O diagrama de blocos é uma forma parametrizada de representar um sistema/processo, seus subsistemas e as relações entre eles.

Em controle de processos, existe uma ferramenta algébrica adotada para transformar um diagrama de processos em diagrama de blocos, com suas respectivas funções de transferência, e a partir desse ponto, se obter um bloco único, que represente todas as relações inerentes ao sistema.

Diz-se dessa operação, reduzir o diagrama de blocos a uma forma de malha aberta, respectivamente as Figuras 5.1 e 5.2.

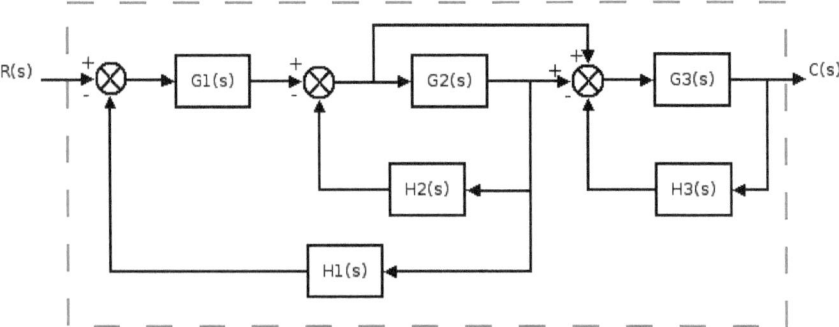

Figura 5.1. Diagrama de blocos de um sistema de controle qualquer.

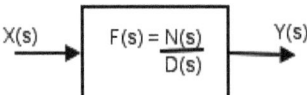

Figura 5.2. Equivalente em malha aberta do diagrama da Figura 5.1.

A partir das raízes da função de transferência é possível se estudar sobre a estabilidade do sistema.

5.2.1. Forma Genérica do Sistema em Malha Aberta

Como visto nas Figuras 5.1 e 5.2, um diagrama em blocos pode ser reduzido á sua equivalência em diagrama de malha aberta, como o exemplo da Figura 5.3, cujo diagrama equivalente está representado na Figura 5.4.

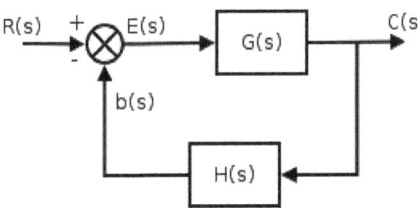

Figura 5.3. Diagrama de blocos de um sistema em malha fechada.

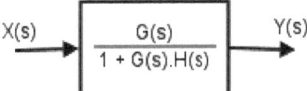

Figura 5.4. Bloco equivalente ao diagrama apresentado da Figura 5.3.

As relações algébricas referentes a esses diagramas e suas transformações serão observadas nas relações a seguir.

1 $$E(s) = R(s) - b(s) \tag{5.15}$$

2 $$C(s) = G(s) \cdot E(s) \tag{5.16}$$

3 $$b(s) = H(s) \cdot C(s) \tag{5.17}$$

Substituindo (5.17) em (5.15):

4 $$E(s) = R(s) - [H(s) \cdot C(s)] \tag{5.18}$$

Substituindo (5.18) em (5.16), obtém-se (5.23).

$$C(s) = G(s) \cdot \{R(s) - [H(s) \cdot C(s)]\} \tag{5.19}$$

$$C(s) = G(s) \cdot R(s) - G(s) \cdot H(s) \cdot C(s) \tag{5.20}$$

$$C(s) + G(s) \cdot H(s) \cdot C(s) = G(s) \cdot R(s) \tag{5.21}$$

$$C(s) \cdot [1 + G(s) \cdot H(s)] = G(s) \cdot R(s) \tag{5.22}$$

$$\frac{C(s)}{R(s)} = \frac{G(s)}{1 + G(s) \cdot H(s)} \tag{5.23}$$

5.2.2. Realimentação Unitária

Outra representação importante é o elemento de realimentação unitária. A Figura 5.5 ilustra a equivalência entre o diagrama em blocos e o diagrama em malha aberta.

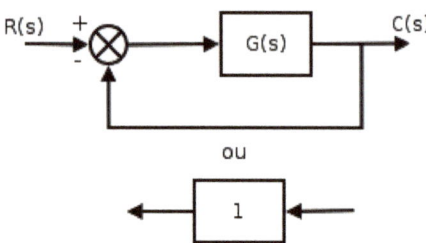

Figura 5.5. Diagrama em blocos e sua equivalência em malha aberta.

A função de transferência equivalente à Figura 5.5 é ilustrada na Equação (5.24).

$$H(s) = 1 \tag{5.24}$$

A seguir, são desenvolvidos três exemplos sobre a redução (simplificação) de diagrama de blocos.

5.2.2.1. Exemplo 1

A Figura 5.6 ilustra um diagrama de blocos que se deseja simplificar, reduzindo a um bloco equivalente de malha aberta.

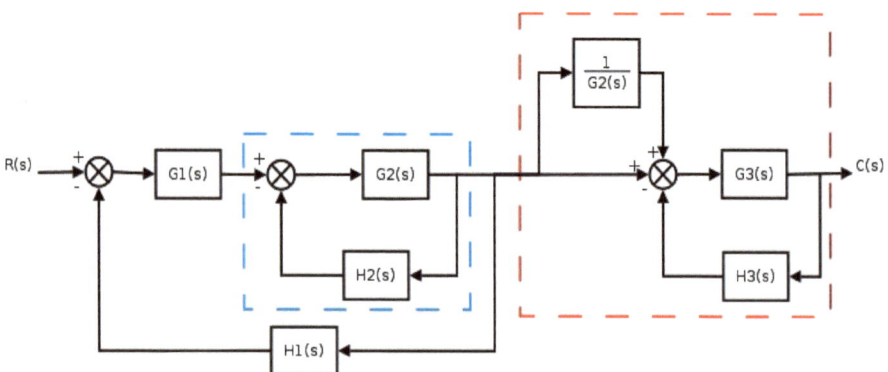

Figura 5.6. Diagrama de blocos inicial.

Os subsistemas em azul e em vermelho são aqueles que serão primeiramente reduzidos.

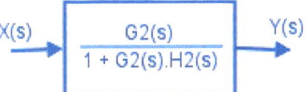

Figura 5.7. Redução do subsistema "2" do diagrama de blocos da Figura 5.6.

O subsistema "vermelho" da Figura 5.6 foi subdividido em dois novos, vistos na Figura 5.8.

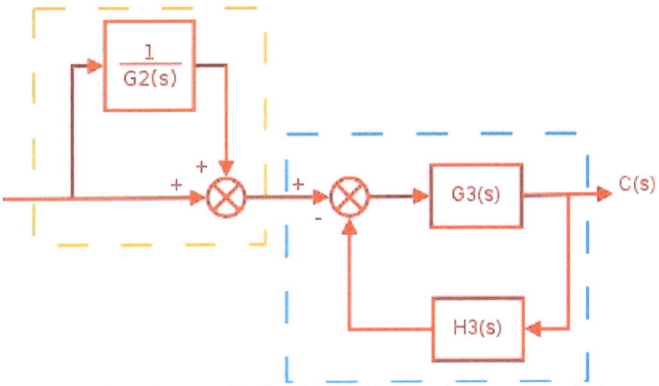

Figura 5.8. Bloco "vermelho" subdividido em dois novos subsistemas.

O subsistema "3", novo bloco "azul", é reduzido ao bloco ilustrado na Figura 5.9.

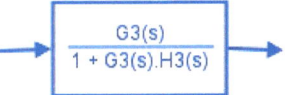

Figura 5.9. Novo diagrama em malha aberta para o subsistema "azul" da Figura 5.8.

Já o subsistema "2", novo bloco "laranja", pode ser representado pelo diagrama da Figura 5.10.

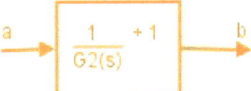

Figura 5.10. Diagrama de malha aberta do bloco "laranja" da Figura 5.8.

As Equações (5.25) e (5.26) ilustram como o bloco da Figura 5.10 é obtido.

$$b = a \cdot \left(\frac{1}{G_2}\right) + a \quad (5.25)$$

$$b = a \cdot \left(\frac{1}{G_2} + 1\right) \quad (5.26)$$

Ao substituir os novos blocos das Figuras 5.9 e 5.10 no diagrama inicial da Figura 5.6, tem-se o novo diagrama a ser reduzido, conforme a Figura 5.11.

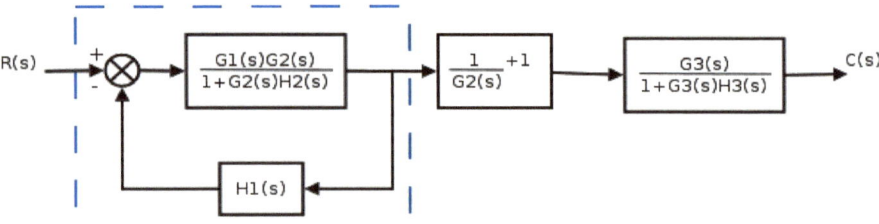

Figura 5.11. Novo diagrama a partir das reduções feitas na Figura 5.6.

A Equação (5.27) relaciona o primeiro bloco a um valor $A(s)$ que simplifica a redução desse subsistema, como visto na Figura 5.12.

$$A(s) = \frac{G_1(s) \cdot G_2(s)}{1 + G_2(s) \cdot H_2(s)} \quad (5.27)$$

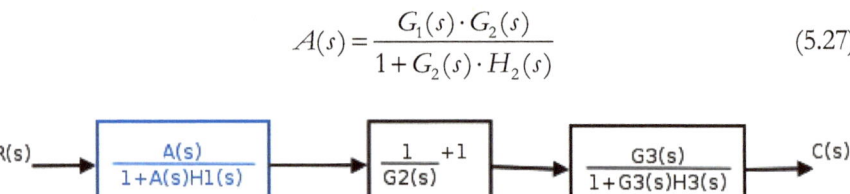

Figura 5.12. Diagrama de blocos com todos os subsistemas reduzido a malhas abertas.

Aplicando-se os "algebrismos" até aqui vistos, obtém-se o diagrama de sistema em malha aberta da Figura 5.13, que representa a função de transferência do sistema completo.

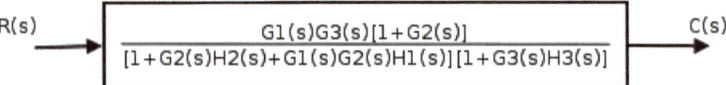

Figura 5.13. Diagrama de malha aberta (função de transferência).

5.2.2.2. Exemplo 2

A Figura 5.14 ilustra um diagrama de blocos que se deseja simplificar, reduzindo a um bloco equivalente de malha aberta.

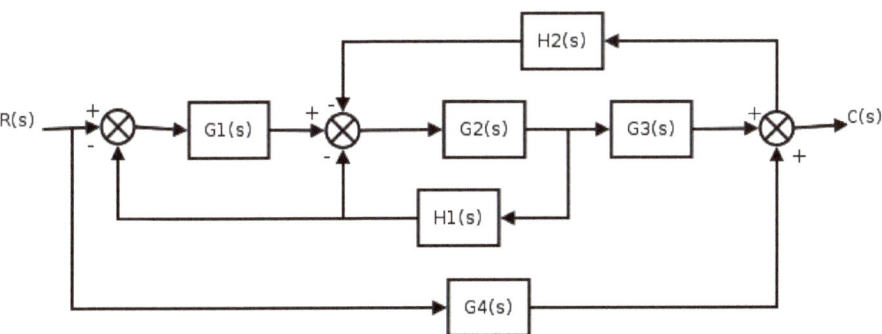

Figura 5.14. Diagrama de blocos inicial.

A Figura 5.15 tem destacado em tracejado azul o primeiro subsistema a ser simplificado.

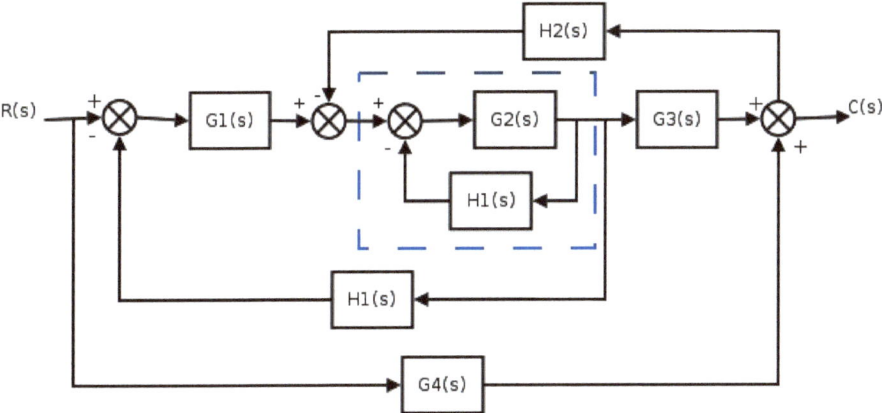

Figura 5.15. Destaque do subsistema a ser simplificado.

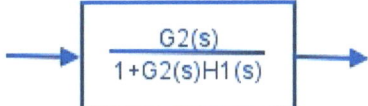

Figura 5.16. Redução do subsistema "azul" do diagrama de blocos da Figura 5.5.

A Figura 5.17 ilustra o sistema original (Figura 5.14) com o bloco de simplificação substituindo o subsistema destacado na Figura 5.15.

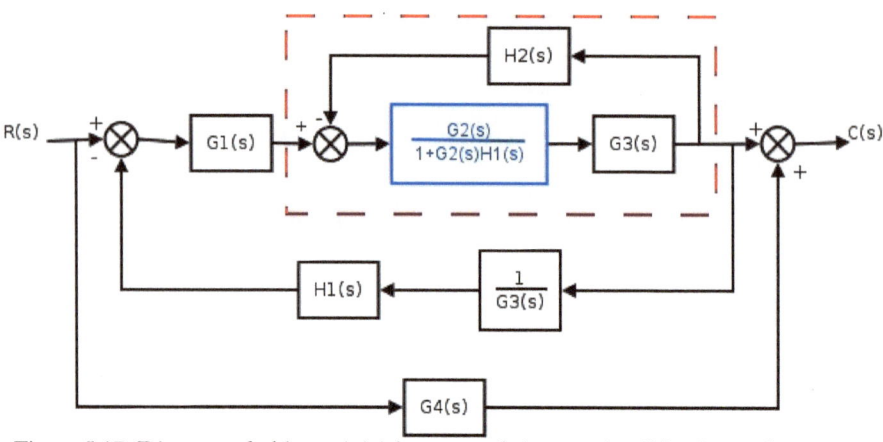

Figura 5.17. Diagrama de blocos inicial com o subsistema simplificado e o destaca em vermelho do novo subsistema a ser simplificado.

A Equação (5.28) representa o novo subsistema "azul" simplificado.

$$A(s) = \frac{G_2(s)}{1 + G_2(s) \cdot H_1(s)} \tag{5.28}$$

A Figura 5.18 ilustra o diagrama em blocos equivalente à simplificação do subsistema destacado em tracejado vermelho na Figura 5.17.

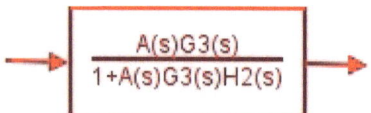

Figura 5.18. Bloco representativo da simplificação da área (subsistema) destacada na Figura 5.17.

A Figura 5.19 ilustra o diagrama de blocos inicial com mais uma simplificação, desta feita a representada pelo bloco mostrado na Figura 5.18.

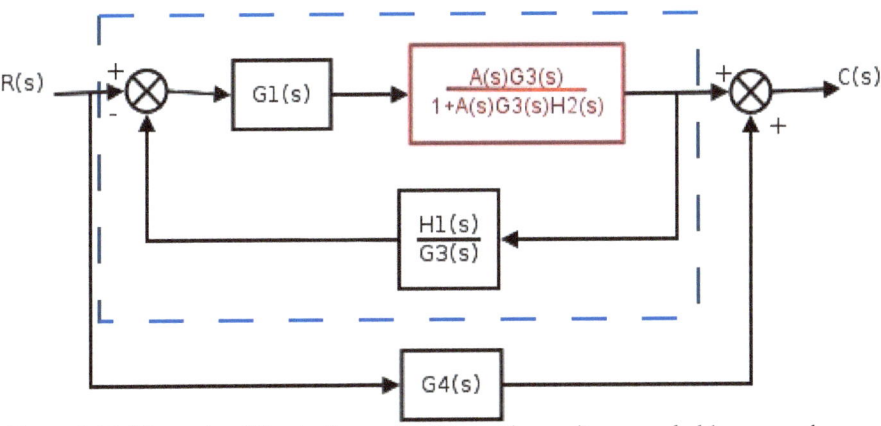

Figura 5.19. Bloco simplificado "vermelho" inserido no diagrama de blocos geral e novo destaque tracejado azul.

A Equação (5.29) representa a nova simplificação inserida no sistema geral, que faz parte do novo subsistema destacado com a linha tracejada azul a seu redor. Já a Equação (5.30) representa o bloco de realimentação desse subsistema destacado.

$$B(s) = \frac{A(s) \cdot G_3(s)}{1 + A(s) \cdot G_3(s) \cdot H_2(s)} \quad (5.29)$$

$$D(s) = \frac{H_1(s)}{G_3(s)} \quad (5.30)$$

A Figura 5.20 ilustra o novo bloco "azul" simplificado incluindo as representações B(s) e D(s) definidas nas Equações (5.29) e (5.30).

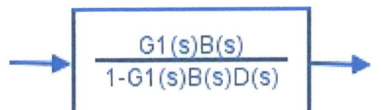

Figura 5.20. Bloco "azul" simplificado.

A Figura 5.21 mostra o digrama de blocos geral da Figura 5.19 com o novo bloco "azul" substituindo a área tracejada em azul na Figura 5.19.

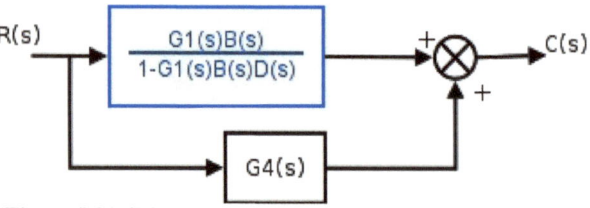

Figura 5.21. Diagrama geral com mais uma simplificação.

A Equação (5.31) representa o bloco azul recém simplificado, denominado de *E(s)*.

$$E(s) = \frac{B(s) \cdot G_1(s)}{1 - G_1(s) \cdot B(s) \cdot D(s)} \qquad (5.31)$$

A Figura 5.22 ilustra a simplificação da Figura 5.21, com a substituição do bloco "azul" pela referência *E(s)*.

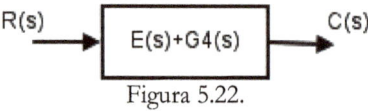

Figura 5.22.

A Figura 5.23 ilustra o diagrama de blocos geral final, com todas as simplificações realizadas, substituindo na Figura 5.22 todas as representações matemáticas dispostas para *A(s)*, *B(s)*, *D(s)* e *E(s)*.

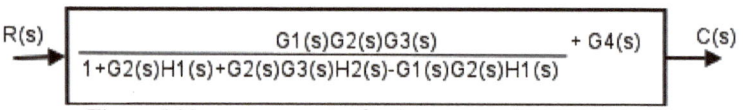

Figura 5.23. representação do sistema geral simplificado.

5.2.2.3. Exemplo 3
A Figura 5.24 ilustra um diagrama de blocos que se deseja simplificar, reduzindo a um bloco equivalente de malha aberta.

Em seguida, a Figura 5.25 ilustra o mesmo sistema da Figura 5.24, porém o subsistema $G_2(s)$ é dividido em duas instâncias do mesmo bloco, com o intuito de melhor caracterizar sua participação nos somadores do sistema principal, assim como o segundo somador teve sua participação dividida em dois novos elementos.

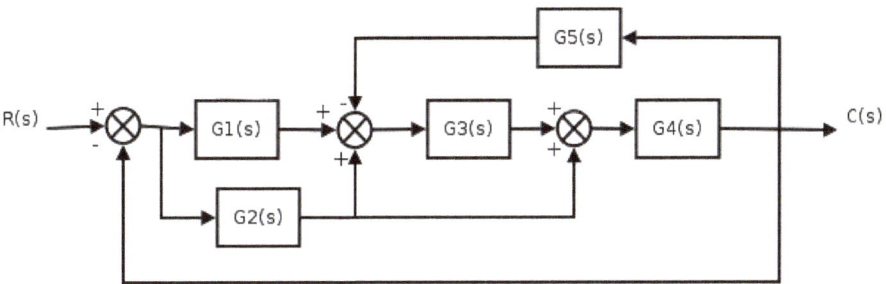

Figura 5.24. Diagrama de blocos de um sistema proposto para análise.

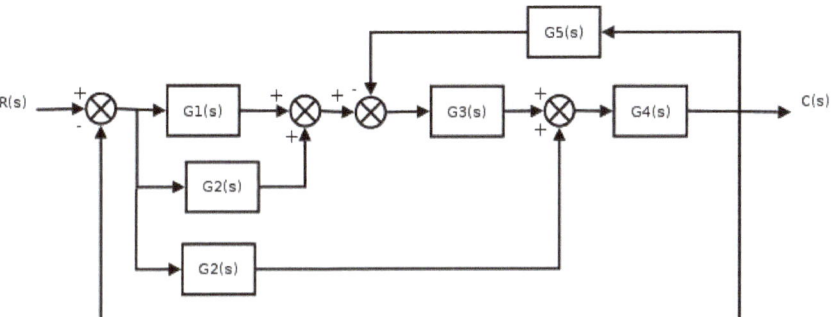

Figura 5.25. Sistema da Figura 5.24 com dois elementos rearranjados.

A Figura 5.26 ilustra esse novo sistema (Figura 5.25) com um primeiro subsistema, chamado de A, destacado por uma linha tracejada vermelha, para análise e simplificação.

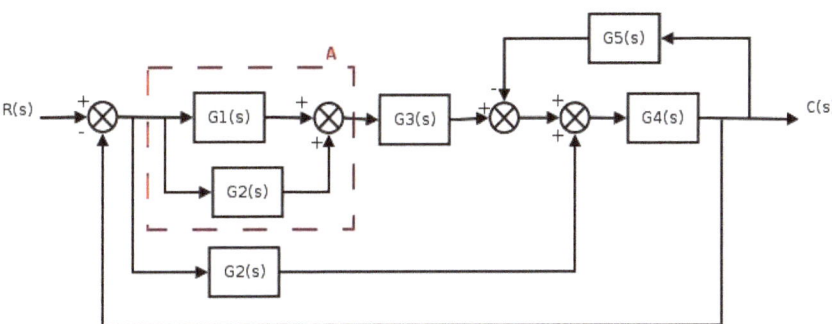

Figura 5.26. Subsistema A em destaque.

A Equação (5.32) representa as relações inerentes a esse novo subsistema, com vistas à sua simplificação.

$$A = \frac{G_1(s)}{1 - G_1(s) \cdot G_2(s)} \qquad (5.32)$$

A Figura 5.27 tem o novo sistema geral com a simplificação do subsistema A e o destaque de dois novos subsistemas, B (em vermelho) e D (em azul).

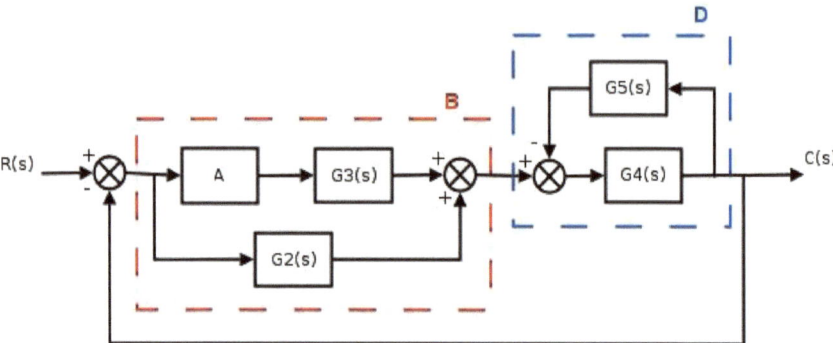

Figura 5.27. Nova configuração do sistema geral com dois outros subsistemas em destaque.

As Equações (5.33) e (5.34) representam as relações internas aos subsistemas B e D, respectivamente.

$$B = \frac{A \cdot G_3(s)}{1 - A \cdot G_2(s) \cdot G_3(s)} \quad (5.33)$$

$$D = \frac{G_4(s)}{1 + G_4(s) \cdot G_5(s)} \quad (5.34)$$

A Figura 5.28 mostra o bloco equivalente à simplificação do sistema principal, "reduzido" a um sistema de malha aberta.

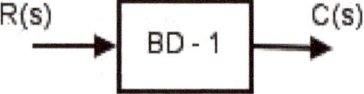

Figura 5.28. Bloco em malha aberta equivalente ao sistema original.

A Equação (5.35) representa o bloco da Figura 5.28.

$$F(s) = B \cdot D - 1 \quad (5.35)$$

A Equação (5.36) é o resultado da aplicação das Equações (5.33) e (5.34) na Equação (5.36).

TEORIA DE CONTROLE

$$F(s) = \left[\frac{A \cdot G_3(s)}{1 - A \cdot G_2(s) \cdot G_3(s)}\right] \cdot \left[\frac{G_4(s)}{1 + G_4(s) \cdot G_5(s)}\right] - 1 \quad (5.36)$$

Ao aplicar-se a Equação (5.32) na Equação (5.36), obtém-se a Equação (5.37).

$$F(s) = \left[\frac{\left(\frac{G_1(s)}{1 - G_1(s) \cdot G_2(s)}\right) \cdot G_3(s)}{1 - \left(\frac{G_1(s)}{1 - G_1(s) \cdot G_2(s)}\right) \cdot G_2(s) \cdot G_3(s)}\right] \cdot \left[\frac{G_4(s)}{1 + G_4(s) \cdot G_5(s)}\right] - 1 \quad (5.37)$$

Por fim, após realizar todos os "algebrismos" necessários, obtém-se a Equação , que representa a função de transferência equivalente ao sistema originalmente apresentado na Figura 5.24.

$$F(s) = \frac{G_1(s) \cdot G_3(s) \cdot G_4(s)}{1 + G_4(s) \cdot G_5(s) - G_1(s) \cdot G_2(s) - G_1(s) \cdot G_2(s) \cdot G_4(s) \cdot G_5(s) - G_1(s) \cdot G_2(s) \cdot G_3(s) - G_1(s) \cdot G_2(s) \cdot G_3(s) \cdot G_4(s) \cdot G_5(s)} - 1$$

(5.38)

5.3. Transformada Z

A transformada Z, como muitas outras transformações de integrais, pode ser definida como sendo ou uma transformação de "um lado" ou uma transformação de "dois lados".

Na matemática e no processamento de sinais, a transformada Z converte um sinal discreto no domínio do tempo, o qual é uma sequência de números reais, em uma representação no domínio de frequência complexa.

A transformada Z e a transformada Z avançada foram introduzidas, sob o nome de transformada Z, por Eliahu Ibrahim Jury (1958). A ideia contida na transformada Z foi previamente conhecida como o "método da função gerando".

O nome transformada Z é um nome relacionado à localização, da mesma forma que a transformada de Laplace é conhecida por transformada s. Um nome mais preciso seria transformada de Laurent, por ser baseada nas séries de Laurent.

5.3.1. Transformada Z bilateral

A transformada Z bilateral de um sinal discreto no tempo $x[n]$ é a função $X(z)$ definida como a Equação (5.39).

$$X(z) = Z\{x[n]\} = \sum_{n=-\infty}^{\infty} x[n] \cdot z^{-n} \qquad (5.39)$$

Onde, n é um inteiro e z é, em geral, um número complexo, Equação (5.40).

$$z = A \cdot e^{j\phi} \qquad (5.40)$$

Onde, A é a amplitude de z e φ é a frequência angular (em radianos por amostra).

5.3.2. Transformada Z unilateral

Alternativa, em casos onde $x[n]$ é definido somente por n ≥ 0, a transformada z unilateral é definida como visto na Equação (5.41).

$$X(z) = Z\{x[n]\} = \sum_{n=0}^{\infty} x[n] \cdot z^{-n}. \qquad (5.41)$$

5.3.3. Transformada Inversa de Z

A transformada inversa de Z é representada pela relação (5.42).

$$x[n] = Z^{-1}\{X(z)\} = \frac{1}{2\pi j} \oint_C X(z) z^{n-1} dz \qquad (5.42)$$

Onde, C é uma rota fechada no sentido horário circulando a origem e inteiramente na região de convergência (ROC).

O contorno ou rota, C, deve circular todos os polos de $X(z)$. Um caso especial dessa integral de contorno que é simplesmente aquela onde C é o círculo unitário (e pode ser usado onde a ROC inclui o círculo unitário) é a transformada inversa de Fourier discreta no tempo, Equação (5.43).

$$x[n] = \frac{1}{2\pi} \int_{-\pi}^{\pi} X(e^{j\omega}) e^{j\omega n} d\omega \qquad (5.43)$$

5.3.4. Relação com Laplace

A transformada bilateral de Z é simplesmente a transformada de Laplace de "dois lados" da função de amostra ideal, Equação (5.44).

$$x(t)\sum_{n=-\infty}^{\infty} \delta(t-nT) = \sum_{n=-\infty}^{\infty} x[n]\delta(t-nT) \qquad (5.44)$$

Onde, *x(t)* é a função contínua no tempo a ser amostrada, *x[n]* = *x(nT)* a n-ésima amostra, *T* é o período amostrado e com a substituição: $Z = e^{sT}$.

Da mesma forma, a transformada unilateral de Z é simplesmente a transformada de Laplace de "um lado" da função de amostra ideal. Ambas assumem que a função amostra é zero para todos os índices de tempo negativos.

A transformada Z é utilizada para converter filtros analógicos em filtros numéricos (digitais) e vice-versa. Para fazê-lo, se pode usar as seguintes substituições em H(s) ou H(z):

$s = \dfrac{2z-1}{Tz+1}$ de analógico para numérico;

$z = \dfrac{2+sT}{2-sT}$ de numérico para analógico.

6 GRÁFICOS DE FLUXO DE SINAL

Introdução

O gráfico de fluxo de sinal é uma abordagem alternativa para determinar as relações entre as variáveis de um sistema de controle complexo.

Por exemplo, suponhamos as relações representadas pelas Equações (6.1) e (6.2).

$$x_3 = B \cdot x_2 + D \cdot x_4 \tag{6.1}$$

$$x_2 = A \cdot x_1 + C \cdot x_3 \tag{6.2}$$

Essas relações, (6.1) e (6.2), podem ser representadas de forma gráfica, conforme ilustrado na Figura 6.1.

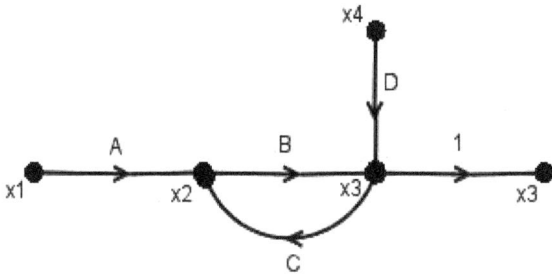

Figura 6.1. Representação em gráfico de fluxo de sinal equivalente ao sistema formado pelas Equações **(6.1)** e **(6.2)**.

Onde,
x_1 — Fonte ou entrada;
x_1, x_2, x_3 e x_4 — Nós (variáveis);
1, A, B, C e D — Transmitância ou ganho ou função de transferência;
setas — ramos;
$x_3 \rightarrow x_2$ — malha;
x_3 — poço ou sorvedouro ou saída.

6.1. Equivalência com Diagrama de Blocos

As Figuras 6.2 e 6.3 ilustram, respectivamente, uma função de transferência representada como diagrama de blocos e sua equivalência em fluxo de sinal.

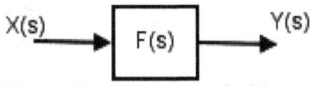

Figura 6.2. Diagrama de blocos.

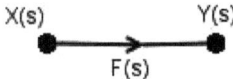

6.3. Fluxo de sinal equivalente ao bloco da Figura 6.2.

A Figura 6.4 ilustra um diagrama em blocos cujas relações de seus subsistemas serão destacadas para fins de entendimento da equivalência mencionada entre o diagrama em blocos e o gráfico de fluxo de sinais.

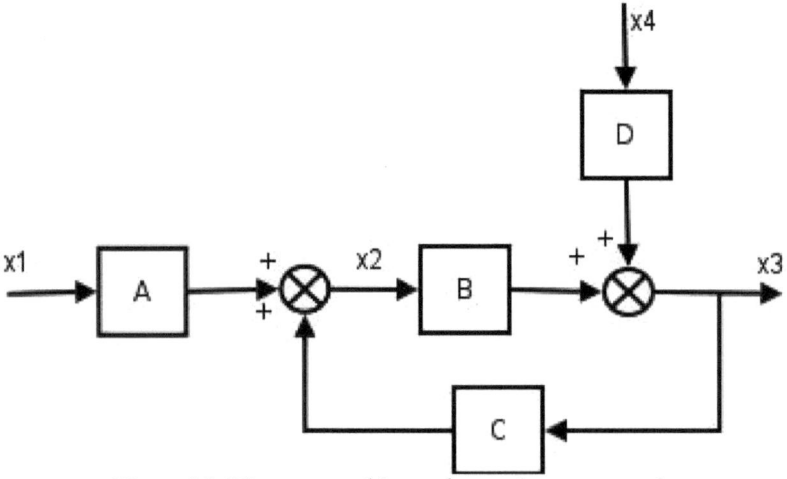

Figura 6.4. Diagrama em blocos de um sistema exemplo.

É importante se destacar a forma usual de caracterizar um percurso ou uma trajetória direta (Fonte → Poço), assim, partindo-se da Figura 6.4, tem-se as relações ilustrativas:

$$x_1 \to x_3: AB$$

e

$$x_4 \to x_3: D.$$

Analogamente, temos outras simplificações possíveis. Por exemplo, para: $x_2 = Ax_1$, tem-se o gráfico da Figura 6.5.

Figura 6.5. Equivalência de fluxo e sinais para $x_2 = Ax_1$.

A Figura 6.6. ilustra a representação equivalente a um trecho formado pelos blocos A e B na Figura 6.4, desconsiderando o elemento somador, neste momento, e uma segunda possibilidade dentre os critérios dos gráficos de fluxo de sinais.

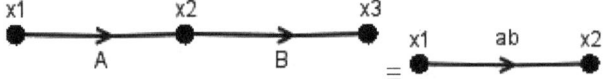

Figura 6.6. Representação do trecho formado pelos blocos A e B e sua simplificação.

A Figura 6.7 ilustra um exemplo de trecho que apresenta os blocos A e B como caminhos distintos para o fluxo ir de x_1 a x_2.

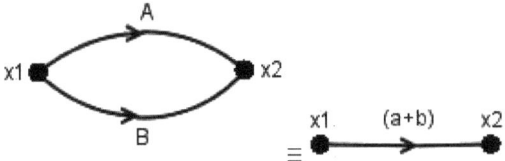

Figura 6.7. Trecho equivalente para dois caminhos distintos entre a entrada e a saída do trecho proposto.

A Figura 6.8 apresenta um exemplo com duas entradas, originalmente com fluxos independentes, representados por A e B, concentradas em um terceiro nó, antes de alcançarem a saída, através do fluxo C.

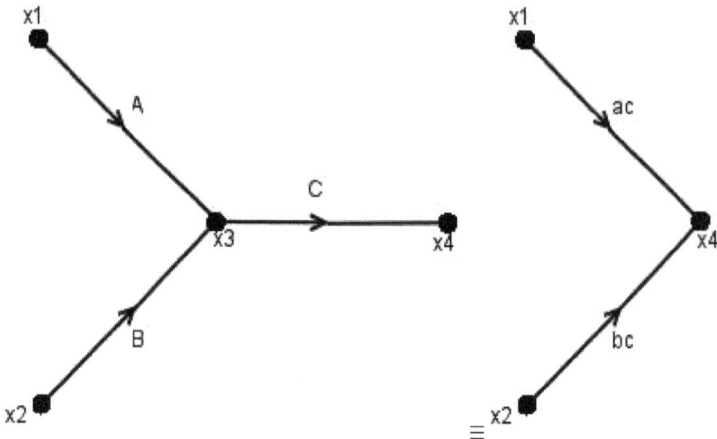

Figura 6.8. Fluxo com duas entradas e uma saída.

A Figura 6.9 ilustra um exemplo com uma realimentação, representada por C.

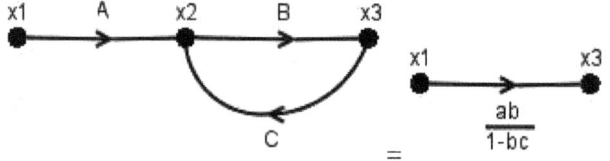

Figura 6.9. Fluxo com realimentação.

A Figura 6.10 ilustra o diagrama de blocos de um sistema hipotético qualquer a ser estudado.

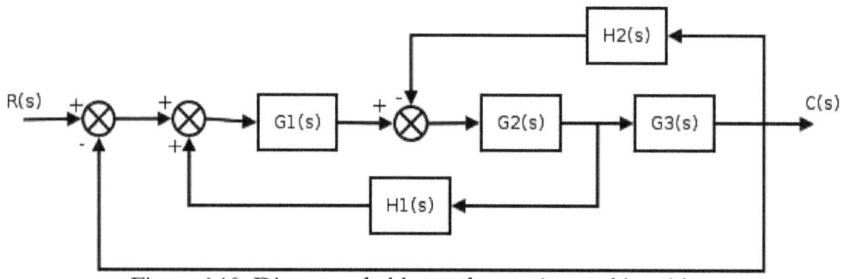

Figura 6.10. Diagrama de blocos de um sistema hipotético.

Tem-se, na Figura 6.11, o gráfico equivalente em fluxo de sinal.

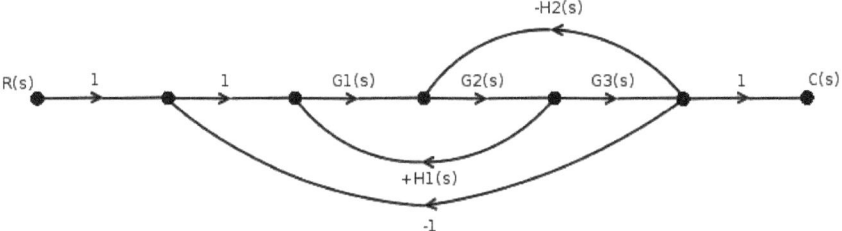

Figura 6.11. Equivalente da Figura 6.10 em fluxo de sinais.

6.2. *Fórmula de Ganho de Mason para Gráfico de Fluxo de Sinal*

A fórmula de ganho de Mason é um método alternativo elaborado para se obter algebricamente a função de transferência de um gráfico de fluxo de sinal linear (Mason 1956). Esse método sugere rotular cada sinal, escrevendo a equação equivalente às relações entre esses sinais e, em seguida, resolver as múltiplas equações encontradas para o sinal de saída com relação ao sinal de entrada. A Equação (6.3) representa tal relação.

$$T = \frac{\sum T_k \cdot \Delta_k}{\Delta} \qquad (6.3)$$

Sendo,
T – Transmitância global ou ganho;
T_k – Transmitância do k-ésimo percurso direto;
Δ_k – Cofator de T_k;
Δ – Determinante.

Por sua vez, $\Delta_k = \Delta$ – (parcelas referentes a todas as malhas que tocam o k-ésimo percurso direto), sendo $\Delta = 1$ – (soma de todos os ganhos de malhas diferentes) + (soma dos produtos dos ganhos de todas as combinações possíveis de duas malhas que não se tocam) – (soma dos produtos de ganhos de todas as possíveis combinações de três malhas que não se tocam) + ... Por exemplo, Equação (6.4).

$$\Delta = 1 - \sum_a l_a + \sum_{b,c} l_b \cdot l_c - \sum_{d,e,f} l_d \cdot l_e \cdot l_f + \cdots \qquad (6.4)$$

Exemplo 1

Percursos diretos [R(s) → C(s)]:
$T_1 = G_1G_2G_3 \rightarrow \Delta_1 = 1$

Laços ou malhas:
$L_1 = G_1G_2H_1$
$L_2 = - G_2G_3H_2$
$L_3 = - G_1G_2G_3$

Desenvolvendo-se para o diagrama da Figura 6.11, tem-se as Equações (6.5) a (6.7).

$$\Delta = 1 - (L_1 + L_2 + L_3) \qquad (6.5)$$

$$\Delta_1 = 1 - (L_1 + L_2 + L_3) - \{L_1, L_2, L_3\} \qquad (6.6)$$

$$T = \frac{T_1 \cdot \Delta_1}{\Delta} = \frac{\{G_1 \cdot G_2 \cdot G_3\} \times 1}{1 - G_1 \cdot G_2 \cdot H_1 + G_2 \cdot G_3 \cdot H_2 + G_1 \cdot G_2 \cdot G_3} \qquad (6.7)$$

Exemplo 2

A Figura 6.12 ilustra um diagrama de sinais de fluxo a ser desenvolvido utilizando-se a fórmula de ganho de Mason.

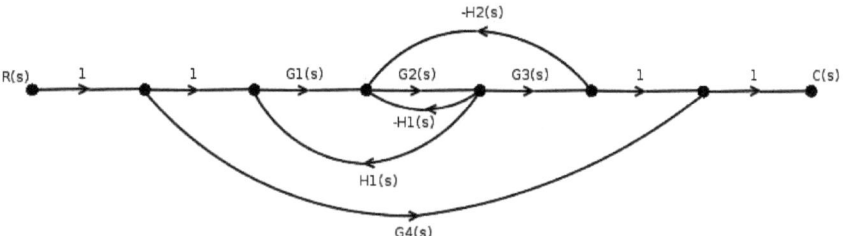

Figura 6.12. Exemplo 2.

Percursos diretos [R(s) → C(s)]:
$T_1 = G_1G_2G_3 \rightarrow \Delta_1 = ?$
$T_2 = G_4 \rightarrow \Delta_2 = ?$

Laços ou malhas:
$L_1 = - G_2H_1$
$L_2 = - G_2G_3H_2$
$L_3 = G_1G_2H_1$

Desenvolvendo-se para o diagrama da Figura 6.12, tem-se as Equações (6.8) a (6.11).

TEORIA DE CONTROLE

$$\Delta = 1 - (L_1 + L_2 + L_3) \tag{6.8}$$

$$\Delta_1 = 1 - \{L_1, L_2, L_3\} = 1 \, (\text{porque todas as malhas tocam esse percurso}) \tag{6.9}$$

$$\Delta_2 = \Delta \, (\text{porque todas as malhas não tocam o percurso } T_2) \tag{6.10}$$

$$T = \frac{T_1 \cdot \Delta_1 + T_2 \cdot \Delta_2}{\Delta} =$$
$$= \frac{\left[(G_1 \cdot G_2 \cdot G_3) \times 1\right] + G_4 \cdot \left[1 - (-G_2 \cdot H_1 - G_2 \cdot G_3 \cdot H_2 + G_1 \cdot G_2 \cdot H_1)\right]}{1 - G_1 \cdot G_2 \cdot H_1 + G_2 \cdot H_1 + G_2 \cdot G_3 \cdot H_2} \tag{6.11}$$

Exercício resolvido

Utilize a fórmula de ganho de Mason para obter a função de transferência global dos diagramas de blocos A, B e C.

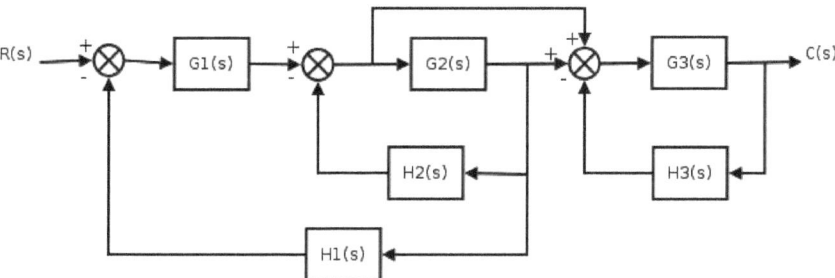

Figura 6.13. Diagrama de blocos A.

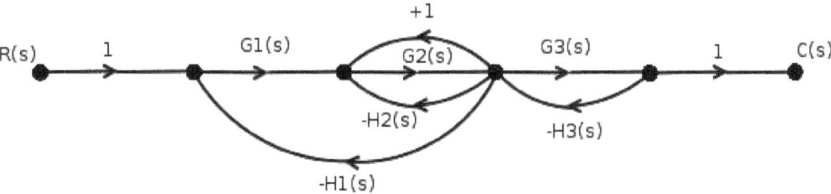

Figura 6.14. Gráfico de fluxo de sinal para o diagrama de blocos A.

Percursos diretos [R(s) → C(s)]:
T₁ = G₁G₂G₃ → Δ₁ = ?

Laços ou malhas:
L₁ = - G₁G₂H₁
L₂ = - G₂H₂
L₃ = - G₃H₃

$L_4 = -G_2$

Desenvolvendo-se para o diagrama da Figura 6.14, tem-se as Equações (6.12) a (6.14).

$$\Delta = 1 - (L_1 + L_2 + L_3) \tag{6.12}$$

$$\Delta_1 = 1 - \{L_1, L_2, L_3\} = 1 \text{ (porque todas as malhas tocam esse percurso)} \tag{6.13}$$

$$T = \frac{T_1 \cdot \Delta_1}{\Delta} =$$

$$= \frac{(G_1 \cdot G_2 \cdot G_3) \times 1}{1 - (-G_1 \cdot G_2 \cdot H_1 - G_2 \cdot H_2 - G_3 \cdot H_3 + G_2)} = \tag{6.14}$$

$$= \frac{G_1 \cdot G_2 \cdot G_3}{1 + G_1 \cdot G_2 \cdot H_1 + G_2 \cdot H_2 + G_3 \cdot H_3 - G_2}$$

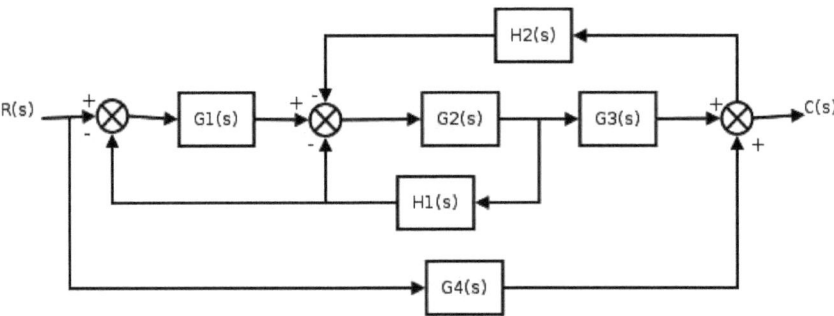

Figura 6.15. Diagrama de blocos B.

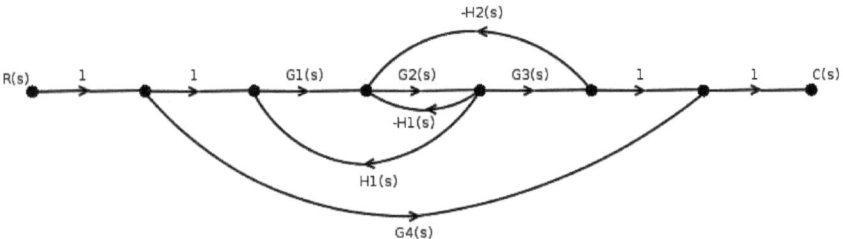

Figura 6.16. Gráfico de fluxo de sinal para o diagrama de blocos B.

Percursos diretos [R(s) → C(s)]:
$T_1 = G_1 G_2 G_3 \rightarrow \Delta_1 = ?$
$T_2 = G_4 \rightarrow \Delta_2 = ?$

Laços ou malhas:
$L_1 = -G_2H_1$
$L_2 = -G_2G_3H_2$
$L_3 = G_1G_2H_1$

Desenvolvendo-se para o diagrama da Figura 6.16, tem-se as Equações (6.15) a (6.18).

$$\Delta = 1 - (L_1 + L_2 + L_3) \qquad (6.15)$$

$$\Delta_1 = 1 - \{L_1, L_2, L_3\} = 1 \, (\text{porque todas as malhas tocam esse percurso}) \quad (6.16)$$

$$\Delta_2 = \Delta \, (\text{porque todas as malhas não tocam o percurso } T_2) \qquad (6.17)$$

$$T = \frac{T_1 \cdot \Delta_1 + T_2 \cdot \Delta_2}{\Delta} =$$
$$= \frac{[(G_1 \cdot G_2 \cdot G_3) \times 1] + G_4 \cdot [1 - (-G_2 \cdot H_1 - G_2 \cdot G_3 \cdot H_2 + G_1 \cdot G_2 \cdot H_1)]}{1 - G_1 \cdot G_2 \cdot H_1 + G_2 \cdot H_1 + G_2 \cdot G_3 \cdot H_2} =$$
$$= \frac{G_1 \cdot G_2 \cdot G_3 + G_4 + G_2 \cdot G_4 \cdot H_1 + G_2 \cdot G_3 \cdot G_4 \cdot H_2 - G_1 \cdot G_2 \cdot G_4 \cdot H_1}{1 - G_1 \cdot G_2 \cdot H_1 + G_2 \cdot H_1 + G_2 \cdot G_3 \cdot H_2}$$
$$(6.18)$$

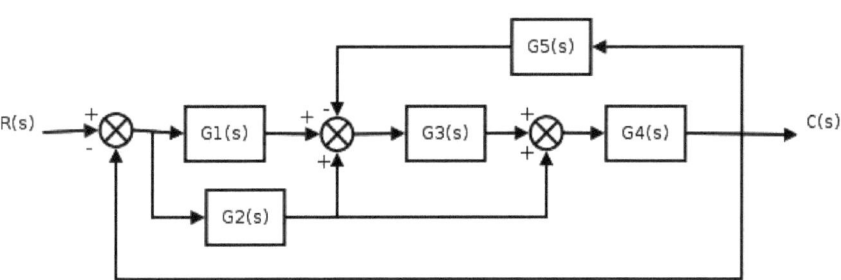

Figura 6.17. Diagrama de blocos C.

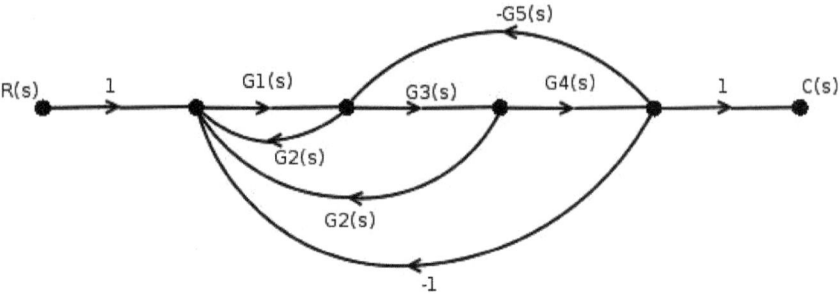

Figura 6.18. Gráfico de fluxo de sinal para o diagrama de blocos C.

Percursos diretos [R(s) → C(s)]:
$T_1 = G_1 G_3 G_4 \rightarrow \Delta_1 = ?$
$T_2 = -1 \rightarrow \Delta_2 = ?$

Laços ou malhas:
$L_1 = G_1 G_2$
$L_2 = G_1 G_2 G_3$
$L_3 = - G_3 G_4 G_5$

Desenvolvendo-se para o diagrama da Figura 6.18, tem-se as Equações (6.19) a (6.22).

$$\Delta = 1 - (L_1 + L_2 + L_3) = 1 - (G_1 G_2 + G_1 G_2 G_3 - G_3 G_4 G_5) \qquad (6.19)$$

$$\Delta_1 = 1 - \{L_1, L_2, L_3\} = 1 \, (\text{porque todas as malhas tocam esse percurso}) \qquad (6.20)$$

$$\Delta_2 = \Delta \, (\text{porque todas as malhas não tocam o percurso } T_2) \qquad (6.21)$$

$$T = \frac{T_1 \cdot \Delta_1 + T_2 \cdot \Delta_2}{\Delta} =$$

$$= \frac{\left[(G_1 \cdot G_3 \cdot G_4) \times 1\right] - 1 \cdot \left[1 - (G_1 \cdot G_2 - G_1 \cdot G_2 \cdot G_3 + G_3 \cdot G_4 \cdot G_5)\right]}{1 - G_1 \cdot G_2 - G_1 \cdot G_2 \cdot G_3 + G_3 \cdot G_4 \cdot G_5} = \qquad (6.22)$$

$$= \frac{G_1 \cdot G_3 \cdot G_4 + G_1 \cdot G_2 - G_1 \cdot G_2 \cdot G_3 + G_3 \cdot G_4 \cdot G_5 - 1}{1 - G_1 \cdot G_2 - G_1 \cdot G_2 \cdot G_3 + G_3 \cdot G_4 \cdot G_5}$$

7 CRITÉRIO DE ESTABILIDADE DE ROUTH-HURWITZ

Introdução

Dentro da engenharia de controle, o critério de estabilidade de Routh-Hurwitz estabelece um algoritmo de simples compreensão para decidir o quanto os zeros de uma função polinomial estão ou não no hemisfério esquerdo de um plano complexo, sendo tal polinômio chamado por polinômio de Hurwitz (Dorf e Bishop 2009; Nise 2017; Ogata 2011).

Essa condição é um requerimento fundamental para um sistema linear contínuo e invariante no tempo ser considerado estável, ou seja, todos os limites de entrada são respeitados nas saídas do sistema em questão.

O critério de Routh-Hurwitz compreende três testes que devem ser plenamente satisfeitos. Se qualquer dos testes falhar, o sistema é considerado instável e os demais testes não precisam ser feitos. Assim, os testes são realizados a partir do mais simples para o mais complexo.

Os testes de Routh-Hurwitz são realizados no denominador da função de transferência do sistema em análise, chamada de **função característica**.

Dada a função de transferência para um sistema de malha fechada

$$G(s) = \frac{Y(s)}{X(s)} = \frac{b_m \cdot s^m + \cdots + b_0}{a_n \cdot s^n + \cdots + a_0}, \tag{7.1}$$

a equação característica de *G(s)* será:

$$\Delta(s) = a_n \cdot s^n + \cdots + a_0 = 0. \tag{7.2}$$

7.1. Testes de Routh-Hurwitz

Para um polinômio de Hurwitz qualquer, tem-se as regras descritas a seguir (Hemerly 2000):
1) Todos os coeficientes a_i da equação característica devem existir;
2) Todos os coeficientes a_i da equação característica devem ser positivos ou, equivalentemente, negativos, sem mudança de sinal;
3) Se ambas as regras 1 e 2 são satisfeitas, então se elabora um arranjo de Routh com os coeficientes a_i.

7.2. Arranjo de Routh

O arranjo de Routh é formado por todos os coeficientes a_i de $\Delta(s)$, escalonando-os em forma de matriz. As colunas finais de cada linha devem conter zeros.

$$\begin{array}{cccccc} s^n & a_n & a_{n-2} & a_{n-4} & \cdots & 0 \\ s^{n-1} & a_{n-1} & a_{n-3} & a_{n-5} & \cdots & 0 \\ \vdots & b_1 & b_2 & b_3 & \cdots & 0 \\ s^0 & c_1 & c_2 & c_3 & \cdots & 0 \\ \vdots & \vdots & \vdots & \vdots & \cdots & 0 \end{array} \qquad (7.3)$$

Todos os coeficientes maiores que zero e todos os elementos da primeira coluna (a_n, a_{n-1}, b_1, c_1,..) têm que ser positivos, para o sistema ser estável.

Sendo,

$$b_1 = -\frac{1}{a_{n-1}} \begin{vmatrix} a_n & a_{n-2} \\ a_{n-1} & a_{n-3} \end{vmatrix} = \frac{-a_n \cdot a_{n-3} + a_{n-1} \cdot a_{n-2}}{a_{n-1}} \qquad (7.4)$$

$$b_2 = -\frac{1}{a_{n-1}} \begin{vmatrix} a_n & a_{n-4} \\ a_{n-1} & a_{n-5} \end{vmatrix} = \frac{-a_n \cdot a_{n-5} + a_{n-1} \cdot a_{n-4}}{a_{n-1}} \qquad (7.5)$$

$$c_1 = -\frac{1}{b_1} \begin{vmatrix} a_{n-1} & a_{n-3} \\ b_1 & b_2 \end{vmatrix} = \frac{-a_{n-1} \cdot b_2 + b_1 \cdot a_{n-3}}{b_1} \qquad (7.6)$$

$$c_2 = -\frac{1}{b_1} \begin{vmatrix} a_{n-1} & a_{n-5} \\ b_1 & b_3 \end{vmatrix} = \frac{-a_{n-1} \cdot b_2 + b_3 \cdot a_{n-5}}{b_1} \qquad (7.7)$$

7.2.1. Exemplo: Sistema de terceira ordem estável

A Equação (7.8) representa a equação característica do sistema de terceira ordem estável de exemplo.

$$\Delta(s) = s^3 + 2s^2 + 4s + 3 \tag{7.8}$$

Aplicando-se as duas primeiras regras, conclui-se que todos os coeficientes são diferentes de zero e positivos. Assim, se constrói o arranjo de Routh para esse sistema.

$$\begin{array}{c|ccc} s^3 & 1 & 4 & 0 \\ s^2 & 2 & 3 & 0 \\ s^1 & b_1 & b_2 & 0 \\ s^0 & c_1 & c_2 & 0 \end{array} \tag{7.9}$$

A seguir, os novos coeficientes são calculados.

$$b_1 = -\frac{1}{2}\begin{vmatrix} 1 & 4 \\ 2 & 3 \end{vmatrix} = \frac{-1 \cdot 3 + 2 \cdot 4}{2} = \frac{5}{2} \tag{7.10}$$

$$b_2 = -\frac{1}{2}\begin{vmatrix} 1 & 0 \\ 2 & 0 \end{vmatrix} = \frac{-1 \cdot 0 + 0 \cdot 2}{2} = 0 \tag{7.11}$$

$$c_1 = -\frac{1}{5/2}\begin{vmatrix} 2 & 3 \\ 5/2 & 0 \end{vmatrix} = \frac{-2 \cdot 0 + 5/2 \cdot 3}{5/2} = 3 \tag{7.12}$$

$$c_2 = -\frac{1}{5/2}\begin{vmatrix} 2 & 0 \\ 5/2 & 0 \end{vmatrix} = \frac{-5/2 \cdot 0 + 0 \cdot 2}{5/2} = 0 \tag{7.13}$$

Preenchendo o sistema (7.9) com os resultados das Equações de (7.10) a (7.13), é possível se determinar se o sistema é estável.

$$\begin{array}{c|ccc} s^3 & 1 & 4 & 0 \\ s^2 & 2 & 3 & 0 \\ s^1 & 5/2 & 0 & 0 \\ s^0 & 3 & 0 & 0 \end{array} \qquad (7.14)$$

Para o arranjo (7.14), percebe-se claramente que os sinais dos valores da primeira coluna são todos positivos, não havendo mudança de sinal, tampouco existem polos na equação característica desse sistema.

7.3. *Exercícios resolvidos*

1) Verificar se é estável ou não o sistema descrito pela equação característica $\Delta(s) = s^4 + 2s^3 + 3s^2 + 4s + 5 = 0$.

$$\begin{array}{c|cccc} s^4 & 1 & 3 & 5 & 0 \\ s^3 & 2 & 4 & 0 & 0 \\ s^2 & b_1 & b_2 & b_3 & 0 \\ s^1 & c_1 & c_2 & c_3 & 0 \\ s^0 & d_1 & d_2 & d_3 & 0 \end{array}$$

$$b_1 = \frac{-1 \cdot 4 + 2 \cdot 3}{2} = 1 \, ; \quad b_2 = \frac{-1 \cdot 0 + 2 \cdot 5}{2} = 5 \, ; \quad b_3 = \frac{-1 \cdot 0 + 2 \cdot 0}{2} = 0$$

$$c_1 = \frac{-2 \cdot 5 + 1 \cdot 4}{1} = -6 \, ; \quad c_2 = \frac{-2 \cdot 0 + 1 \cdot 0}{1} = 0 \, ; \quad c_3 = \frac{-2 \cdot 0 + 1 \cdot 0}{1} = 0$$

$$d_1 = \frac{-1 \cdot 0 - 6 \cdot 5}{-6} = 5 \, ; \quad d_2 = \frac{-1 \cdot 0 - 6 \cdot 0}{-6} = 0 \, ; \quad d_3 = \frac{-1 \cdot 0 - 6 \cdot 0}{-6} = 0$$

Assim, observa-se que o sistema é instável por $c_1 = -6$.

2) Verificar se é estável ou não o sistema descrito pela equação característica $\Delta(s) = s^3 + 6s^2 + 12s + 8 = 0$.

TEORIA DE CONTROLE

$$\begin{array}{c|cccc} s^3 & 1 & 12 & 0 & 0 \\ s^2 & 6 & 8 & 0 & 0 \\ s^1 & b_1 & b_2 & b_3 & 0 \\ s^0 & c_1 & c_2 & c_3 & 0 \end{array}$$

$$b_1 = \frac{-1 \cdot 8 + 6 \cdot 12}{6} = \frac{32}{3}\ ;\ b_2 = \frac{-1 \cdot 0 + 6 \cdot 0}{6} = 0\ ;\ b_3 = \frac{-1 \cdot 0 + 6 \cdot 0}{6} = 0$$

$$c_1 = \frac{-6 \cdot 0 + {}^{32}\!/_{3} \cdot 8}{{}^{32}\!/_{3}} = 8\ ;\ c_2 = \frac{-6 \cdot 0 + {}^{32}\!/_{3} \cdot 0}{{}^{32}\!/_{3}} = 0\ ;\ c_3 = \frac{-6 \cdot 0 + {}^{32}\!/_{3} \cdot 0}{{}^{32}\!/_{3}} = 0$$

O sistema é estável.

3) O sistema é estável?

Dados: $G(s) = \dfrac{10 \cdot (s+1)}{s \cdot (s-1) \cdot (s+5)}$ e $H(s) = 1$.

Sendo,

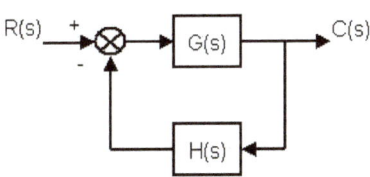

$$C(s) = \frac{G(s)}{1 + G(s) \cdot H(s)} = \frac{\dfrac{10 \cdot (s+1)}{s \cdot (s-1) \cdot (s+5)}}{1 + \left[\dfrac{10 \cdot (s+1)}{s \cdot (s-1) \cdot (s+5)}\right] \cdot 1}$$

$$\Delta(s) = 1 + \left[\frac{10 \cdot (s+1)}{s \cdot (s-1) \cdot (s+5)}\right] \cdot 1 = 0$$

$$\Delta(s) = s \cdot (s-1) \cdot (s+5) + 10 \cdot (s+1) = 0$$

$$\Delta(s) = (s^2 - s) \cdot (s+5) + 10s + 10 = 0$$

$$\Delta(s) = s^3 + 5s^2 - s^2 - 5s + 10s + 10 = 0$$

$$\Delta(s) = s^3 + 4s^2 + 5s + 10 = 0$$

$$\begin{array}{c|cccc} s^3 & 1 & 5 & 0 & 0 \\ s^2 & 4 & 10 & 0 & 0 \\ s^1 & b_1 & b_2 & b_3 & 0 \\ s^0 & c_1 & c_2 & c_3 & 0 \end{array}$$

$$b_1 = \frac{-1 \cdot 10 + 4 \cdot 5}{4} = \frac{5}{2} \; ; \; b_2 = \frac{-1 \cdot 0 + 4 \cdot 0}{4} = 0 \; ; \; b_3 = \frac{-1 \cdot 0 + 4 \cdot 0}{4} = 0$$

$$c_1 = \frac{-4 \cdot 0 + \frac{5}{2} \cdot 10}{\frac{5}{2}} = 10 \; ; \; c_2 = \frac{-4 \cdot 0 + \frac{5}{2} \cdot 0}{\frac{5}{2}} = 0 \; ; \; c_3 = \frac{-4 \cdot 0 + \frac{5}{2} \cdot 0}{\frac{5}{2}} = 0$$

Todos os coeficientes da primeira coluna são positivos, portanto o sistema é estável.

4) Para que valores de k é estável o sistema descrito pela equação característica:

a) $s^3 + (4 + k)s^2 + 6s + 12 = 0$?

$$\begin{array}{c|cccc} s^3 & 1 & 6 & 0 & 0 \\ s^2 & 4+k & 12 & 0 & 0 \\ s^1 & b_1 & b_2 & b_3 & 0 \\ s^0 & c_1 & c_2 & c_3 & 0 \end{array}$$

$$b_1 = \frac{-1 \cdot 12 + (4+k) \cdot 6}{4+k} = \frac{12 + 6k}{4+k} \; ; \; b_2 = \frac{-1 \cdot 0 + (4+k) \cdot 0}{4+k} = 0 \; ;$$

$$b_3 = \frac{-1 \cdot 0 + (4+k) \cdot 0}{4+k} = 0$$

$$c_1 = \frac{-(4+k) \cdot 0 + \left(12 + 6k / 4+k\right) \cdot 12}{\left(12 + 6k / 4+k\right)} = 12;$$

$$c_2 = \frac{-(4+k) \cdot 0 + \left(12 + 6k / 4+k\right) \cdot 0}{\left(12 + 6k / 4+k\right)} = 0;$$

$$c_3 = \frac{-(4+k) \cdot 0 + \left(12 + 6k / 4+k\right) \cdot 0}{\left(12 + 6k / 4+k\right)} = 0$$

Como os elementos da primeira coluna têm que ser maiores que zero, tem-se:

$$\frac{12 + 6k}{4 + k} > 0$$

$$12 + 6k > 4 + k$$

$$6k - k > 4 - 12$$

$$5k > -8$$

$$k > -\frac{8}{5}$$

Portanto, k é válido para valores superiores a $-\frac{8}{5}$.

b) $s^4 + 8s^3 + 24s^2 + 32s + k = 0$?

$$\begin{array}{c|cccc} s^4 & 1 & 24 & k & 0 \\ s^3 & 8 & 32 & 0 & 0 \\ s^2 & b_1 & b_2 & b_3 & 0 \\ s^1 & c_1 & c_2 & c_3 & 0 \\ s^0 & d_1 & d_2 & d_3 & 0 \end{array}$$

$$b_1 = \frac{-1 \cdot 32 + 8 \cdot 24}{8} = 20; \quad b_2 = \frac{-1 \cdot 0 + 8 \cdot k}{8} = k; \quad b_3 = \frac{-1 \cdot 0 + 8 \cdot 0}{8} = 0$$

$$c_1 = \frac{-8 \cdot k + 20 \cdot 32}{20} = \frac{640 - 8k}{20} = \frac{160 - 2k}{5} \; ; \; c_2 = \frac{-8 \cdot 0 + 20 \cdot 0}{20} = 0 \; ;$$

$$c_3 = \frac{-8 \cdot 0 + 20 \cdot 0}{20} = 0$$

$$d_1 = \frac{-20 \cdot 0 - \left(160 - 2k/5\right) \cdot k}{\left(160 - 2k/5\right)} = k \; ; \; d_2 = \frac{-20 \cdot 0 + \left(160 - 2k/5\right) \cdot 0}{\left(160 - 2k/5\right)} = 0 \; ;$$

$$d_3 = \frac{-20 \cdot 0 + \left(160 - 2k/5\right) \cdot 0}{\left(160 - 2k/5\right)} = 0$$

Como os elementos da primeira coluna têm que ser maiores que zero, tem-se:

$$\frac{160 - 2k}{5} > 0$$

$$160 - 2k > 5$$

$$-2k > -155$$

$$-2k > -155$$

$$k > \frac{-155}{-2}$$

$$k > \frac{155}{2}$$

Portanto, k é válido para valores superiores a $\frac{155}{2}$.

8 MÉTODO DO LUGAR GEOMÉTRICO DOS PÓLOS (OU LUGAR DAS RAÍZES OU MÉTODO *ROOT-LOCUS*)

Introdução

Se trata de um método de projeto de sistemas de controle realimentados lineares. De um modo geral, em um projeto de sistemas de controle realimentados, as funções de transferência $G_P(s)$ do processo e $H(s)$ da instrumentação são previamente conhecidos. Cumpre, então, projetar o controlador do sistema, isto é, especificar a função de transferência $G_C(s)$ do mesmo, de modo a que se obtenha uma função de transferência a malha fechada $F(s)$ adequada para o sistema de controle realimentado (Kuo e Golnaraghi 2012), como o visto na Figura 8.1.

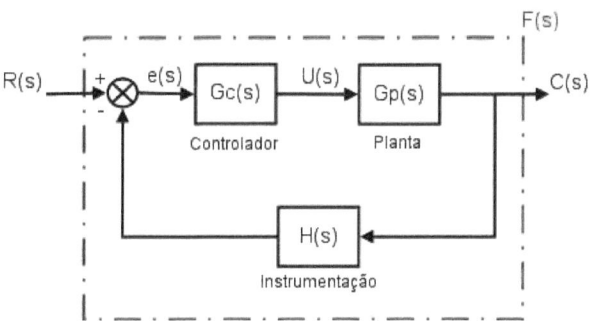

Figura 8.1. Típico sistema de controle realimentado.

Sendo que $U(s)$ é o sinal atuante no processo (sinal de controle).

Exemplo 1: A Equação (8.1) ilustra a estrutura típica para representação de um controlador do tipo PID.

$$\underbrace{G_C(s)}_{\text{Controlador PID}} = K_P \cdot \left[\underbrace{1}_{\text{Proporcional}} + \underbrace{\frac{1}{T_I \cdot s}}_{\text{Integral}} + \underbrace{T_D \cdot s}_{\text{Derivativa}} \right] \qquad (8.1)$$

Exemplo 2: Considere o sistema de controle realimentado a seguir, Figura 8.2.

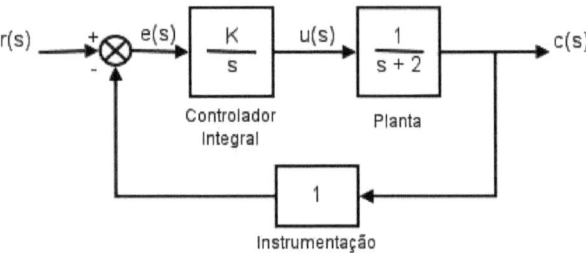

Figura 8.2. Típico sistema de controle tipo I realimentado.

A partir do visto na Figura 8.2, o que se quer do sistema? Que a resposta seja satisfatória! Assim, sendo K um parâmetro do sistema, procura-se especificar seu valor para que alcance a resposta desejada.

Vale observar que como o sinal da realimentação é negativo, o sinal do denominador da função de transferência será positivo.

Para **$K > 0$**, a Equação (8.2) apresenta a função de transferência do sistema de controle integrador ilustrado na Figura 8.2.

$$F(s) = \frac{\frac{K}{s} \cdot \left(\frac{1}{s+2} \right)}{1 + \left[\frac{K}{s^2 + 2s} \right] \cdot 1} = \frac{\frac{K}{s^2 + 2s}}{1 + \frac{K}{s^2 + 2s}} = \frac{\frac{K}{s^2 + 2s}}{\frac{s^2 + 2s + K}{s^2 + 2s}} = \frac{K}{s^2 + 2s + K} \qquad (8.2)$$

Essas informações permitem que escrevamos as funções de transferência para o sistema em malha aberta e em malha fechada, para que seja possível o cálculo dos zeros e dos polos.

O primeiro passo é estabelecer a função de transferência em malha aberta (FTMA) para que os zeros e os polos do sistema sejam calculados. A Equação (8.3) representa essa equação.

$$GH(s) = K \cdot \frac{1}{s \cdot (s+2)} \qquad (8.3)$$

A partir da Equação (8.3) calculam-se os zeros, a partir do numerador (nesse caso, não existem, pois eles se encontram no infinito) e os polos, a partir do denominador ($s = 0$ e $s = -2$).

Em seguida, calcula-se a função de transferência em malha fechada (FTMF) do sistema, Equação (8.4), com o intuito de calcular as raízes do mesmo.

$$F(s) = \frac{C(s)}{R(s)} = \frac{K}{s^2 + 2s + K} \qquad (8.4)$$

$$\Delta(s) = s^2 + 2s + K = 0$$

$$p_{1,2} = \frac{-b \pm \sqrt{b^2 - 4 \cdot a \cdot c}}{2 \cdot a}$$

$$p_{1,2} = -1 \pm \sqrt{1 - K}$$

8.1. Lugar Geométrico dos Polos

A análise pelo lugar das raízes é um método gráfico para avaliar como as raízes de um sistema se comportam pela variação de um determinado parâmetro, aqui chamado de K (Kuo 1967).

A Tabela 8.1. relaciona alguns valores de raízes calculados a partir das Equações (8.3) e (8.4), variando-se o valor de K de zero ao infinito.

Tabela 8.1. Variando **K** de *zero* ao *infinito*

K	p₁	p₂
0	0	-2
1	-1	-1
2	-1 + j	-1 - j
5	-1 + j 2	-1 - j 2
10	-1 + j 3	-1 - j 3
∞	-1 + j ∞	-1 - j ∞

A Figura 8.3 ilustra os polos calculados distribuídos no plano s.

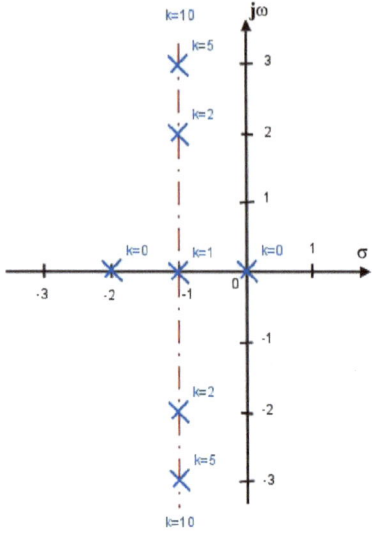

Figura 8.3. Polos distribuídos pelo plano s.

Deve-se salientar que todo polo vai a um zero, pois o mesmo significa o seu fim, conforme ilustrado na Figura 8.4.

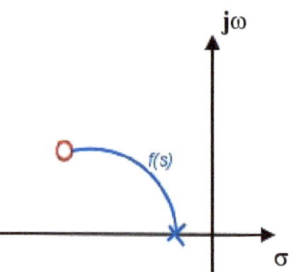

Figura 8.4. Exemplo de uma função de transferência f(s) indo de um polo (X) a um zero (O).

8.2. Regras para a Construção de Lugar Geométrico dos Polos (LGP)

O método de lugar das raízes possibilita que se trace facilmente um gráfico com os polos do sistema de controle em estudo pela utilização de algumas regras bem simples, descritas a seguir (Evans 1948, 1950).

1º) Origem e terminal dos ramos
Os LGP são constituídos por curvas denominadas ramos. Cada ramo se inicia em um dado polo e finaliza em um zero de GH(s).

TEORIA DE CONTROLE

2º) Número de ramos

Se o número **n** de polos for maior que o número **q** de zeros com valores finitos, decorre que o restante de zeros de GH(s) situam-se no infinito. Essa é uma situação bastante comum.

O LGP deve ter tantos ramos quantos forem os polos finitos de GH(s).

3º) Simetria

O LGP desenvolve-se simetricamente em relação ao eixo real (s) do plano s.

4º) Trechos sobre um eixo real

Qualquer segmento do eixo real à esquerda de um número ímpar de polos e/ou de zeros situados sobre aquele eixo é um trecho do LGP. A Figura 8.5 ilustra essa situação.

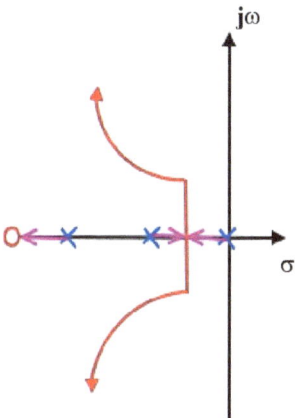

Figura 8.5. Exemplo de LGP.

Exemplo

A seguir, apresenta-se um exemplo com a sequência a ser desenvolvida durante o projeto de um sistema de controle pelo lugar geométrica dos polos.

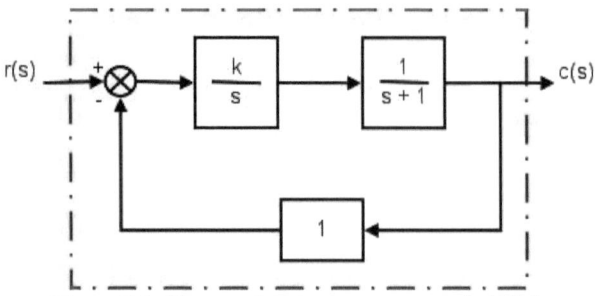

Figura 8.6. Sistema típico para projeto pelo LGP.

A primeira condição estabelecida para o projeto é **k > 0**. A seguir, as funções de transferência a malha aberta e a malha fechada são desenvolvidas para que se realize o cálculo dos polos possíveis ao sistema.

1º) FTMA

$$GH(s) = \frac{N}{D} = \frac{\text{zeros}}{\text{polos}}$$

2º) FTMF

$$\Delta(s) = 0 \ \{f(k)\}$$

$$F(s) = \frac{N}{D}$$

Tabela 8.2. Variação dos polos em função de k.

k	p_1	p_2	p_3
0			
1			
.			
.			
.			
10			

A Figura 8.7 ilustra um exemplo de plano s sobre o qual estão várias curvas pertinentes a projetos de sistemas e alguns polos sobre o eixo do plano.

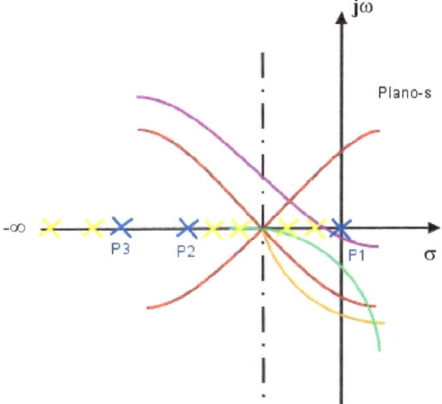

Figura 8.7. Gráfico para estudo dos melhores valores para o parâmetro k.

5°) Assíntotas
Por definição, são os pontos ou curvas de onde uma curva se aproxima à medida que se percorre a mesma.

As Equações (8.5) e (8.6) possibilitam estimar a(s) assíntota(s) da curva de um sistema de controle.

$$\sigma_c = \sum_{i=1}^{n} \overline{p}_i - \sum_{j=1}^{q} \overline{z}_j \tag{8.5}$$

$$\Psi_n = (2n+1) \cdot \frac{180}{n-q}; \quad n = 0, 1, 2, \cdots \tag{8.6}$$

Sendo
n – número de polos;
q – número de zeros de GH(s) e existem (n-q) ramos do LGP que tendem a retas assíntotas à medida que cresce o valor de **k**. Tais assíntotas interceptam-se em um ponto **C:(σ_G,0)** do eixo real.

Exemplo

Considere $GH(s) = \dfrac{k}{s \cdot (s+2) \cdot (s+10)}; \quad k > 0$.

1º) FTMA

$$GH(s) = \frac{N \leftarrow \text{zeros?}}{D \leftarrow \text{polos?}}$$

Para esse exemplo, os zeros não existem, pois estão no ∞ (q = 0).
Os polos são $p_1 = 0$; $p_2 = -2$; $p_3 = -10$ (n = 3).
A Figura 8.8 o plano s desse sistema de controle.

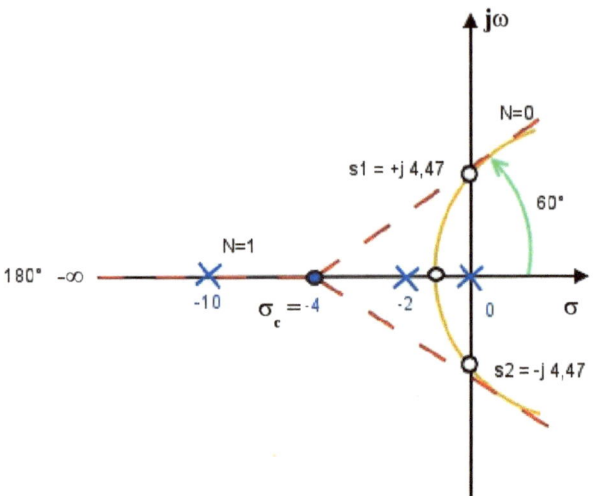

Figura 8.8. LGP para estudo do parâmetro k.

Para esse sistema, tem-se $0 < k < ?$.

2º) FTMF

$$\Delta = 0$$

3º) Assíntota

$$\sigma_c = \frac{(0 - 2 - 10) - (0)}{3 - 0} = -4$$

$$\Psi_n = (2n+1) \cdot \frac{180}{3-0} = (2n+1) \cdot 60°; \quad n = 0, 1, 2$$

6º) Interseção com o eixo imaginário (jw)
Este passo é realizado por meio do arranjo de Routh.

$$\Delta(s) = 0 = 1 + GH(s) = s(s+2)(s+10) + k = s^3 + 12s^2 + 20s + k = 0$$

1º – coeficientes positivos? k > 0

2º – Tabela

s^3	1	20
s^2	12	K
s^1	A	
s^0	B	

Se os valores da primeira coluna forem positivos, então o sistema é estável!

$$A = \frac{(20 \cdot 12) - k}{12} > 0$$

$$A = 240 - k > 0$$

$$k < 240$$

Assim, o sistema é estável para 0 < k < 240.

$$B = k > 0$$

Da segunda linha (s²), obtém-se:

$$12s^2 + k = 0$$

$$s_{1,2} = \pm j4,47$$

7º) Ponto de sela
Por definição, é o ponto para o qual dois ramos convergem para em seguida divergir.

8.3. Exercícios

Construa o LGP para:

1) $GH = \dfrac{k(s+2)}{(s+1)(s+3+j)(s+3-j)}$

2) $GH = \dfrac{k}{s(s+1)(s+3)(s+4)}$

BIBLIOGRAFIA

Bequette, B Wayne. 2000. "Model Predictive Control - Lecture Notes, Fall 2000." http://www.rpi.edu/dept/chem-eng/WWW/faculty/bequette/courses/mpc/index.html.

Carvalho, Jorge Leite Martins de. 2000. *Sistemas de Controle Automático*. Rio de Janeiro, RJ: LTC.

D'Azzo, John Joachim, and Constantine H Houpis. 1975. *Linear Control System Analysis and Design: Conventional and Modern*. McGraw-Hill Series in Electrical and Computer Engineering. New York, NY: McGraw-Hill College.

Dorf, Richard C., and Robert H. Bishop. 2009. *Sistemas de Controle Modernos*. 11th ed. Rio de Janeiro, RJ: LTC.

Evans, Walter Richard. 1948. "Graphical Analysis of Control Systems." *Transactions of the AIEE* 67 (1): 547–51. https://doi.org/10.1109/T-AIEE.1948.5059708.

———. 1950. "Control Systems Synthesis by Root Locus Method." *Transactions of the AIEE* 69 (1): 66–69. https://doi.org/10.1109/T-AIEE.1950.5060121.

Hemerly, Elder M. 2000. *Controle Por Computador de Sistemas DinâMicos*. 2nd ed. São Paulo, SP: Edgard Blucher. https://www.amazon.com/Controle-Computador-Sistemas-Dinâmicos-Portuguese/dp/8521202660?SubscriptionId=0JYN1NVW651KCA56C102&tag=techkie-20&linkCode=xm2&camp=2025&creative=165953&creativeASIN=8521202660.

Jury, Eliahu Ibrahim. 1958. *Sampled-Data Control Systems*. New York, NY: John Wiley & Sons.

Kuo, Benjamin C. 1967. *Root Locus Technique*. 2nd ed. Automatic Control Systems. Englewood Cliffs, NJ: Prentice-Hall.

Kuo, Benjamin C., and Farid Golnaraghi. 2012. *Sistemas de Controle Automático*. 9th ed. Rio de Janeiro, RJ: LTC.

Mason, Samuel Jefferson. 1956. "Feedback Theory-Further Properties of Signal Flow Graphs." *Proceedings of the IRE* 44 (7): 920–26. https://doi.org/10.1109/JRPROC.1956.275147.

Miranda Lemos, João Manuel Lage de. 2005. *Controlo Óptimo e Adaptativo - Notas de Aula*. Lisboa: Instituto Superior Técnico.

Nise, Norman S. 2017. *Engenharia de Sistemas de Controle*. 7th ed. Rio de Janeiro, Rj: LTC. https://www.amazon.com/Engenharia-Sistemas-Controle-Norman-Nise/dp/8521634358?SubscriptionId=0JYN1NVW651KCA56C102&tag=techkie-20&linkCode=xm2&camp=2025&creative=165953&creativeASIN=8521634358.

Ogata, Katsuhiko. 2011. *Engenharia de Controle Moderno*. 5th ed. São Paulo, SP: Pearson.

Pontryagin, Lev Semenovich. 1999. *Foundations of Combinatorial Topology*. Dover Books on Mathematics. Mineola, NY: Dover Publications.

Ruggiero, Márcia A. Gomes, and Vera Lúcia da Rocha Lopes. 1996. *Cálculo Numérico: Aspectos Teóricos e Computacionais*. 2nd ed. São Paulo, SP: Pearson. https://www.amazon.com/Numérico-Aspectos-Teóricos-Computacionais-Portuguese/dp/8534602042?SubscriptionId=0JYN1NVW651KCA56C102&tag=techkie-20&linkCode=xm2&camp=2025&creative=165953&creativeASIN=8534602042.

Sastry, S Shankar, and Marc Bodson. 2011. *Adaptive Control: Stability, Convergence, and Robustness*. Dover Books on Electrical Engineering. Mineola, NY: Dover Publications.

Siemens. 1990. *Técnicas de Controle Eletrônico*. São Paulo, SP: Nobel.

Silva, Luis César da. 2005. "Simulação de Processos: Notas de Aula." http://www.unioeste.br/agais/simulacao.html.

Universidade Federal de Lavras. 2005. "Unidades Armazenadoras." *Departamento de Engenharia*. http://www.deg.ufla.br/Armazem/Unidades_Armazenadoras.htm.

SOBRE OS AUTORES

Wendell de Queiróz Lamas possui graduação em Tecnologia em Técnicas Digitais, com ênfase em Sistemas Programáveis, pela Universidade Estácio de Sá (1991), mestrado em Engenharia Mecânica, área de Automação e Controle Industrial, com ênfase em Instrumentação e Processamento Distribuído, pela Universidade de Taubaté (2004) e doutorado em Engenharia Mecânica, área de Transmissão e Conversão de Energia, com ênfase em Racionalização e Otimização de Sistemas Térmicos e Hidráulicos, pela Universidade Estadual Paulista "Júlio de Mesquita Filho" (2007), como bolsista de Doutorado CNPq. Também possui pós-doutorado na cadeia produtiva do etanol, pela Universidade Estadual Paulista "Júlio de Mesquita Filho" (2012), como bolsista de Pós-doutorado CNPq. É professor da Escola de Engenharia de Lorena da Universidade de São Paulo. Atualmente, análise e otimização de sistemas alternativos de energia constituem sua principal linha de pesquisa, com destaque para gestão energética e ambiental na indústria; otimização de sistemas energéticos; eficiência energética (incluindo cogeração). Desde janeiro de 2018, orientador no Ph.D. *Program in Bioenergy*, da USP, UNICAMP e UNESP.

Giorgio Eugenio Oscare Giacaglia é bacharel, licenciado e mestre em Física pela FFCL da Universidade de São Paulo (1958), graduado em Engenharia Metalúrgica pela Escola Politécnica da Universidade de São Paulo (1960) e doutor em Engenharia e doutor em Ciências Físicas e Matemáticas pela Escola Politécnica da Universidade de São Paulo (1966, 1967). Ph.D. em Astronomia pela Yale University - EUA (1965). É professor aposentado do Departamento de Engenharia Mecânica da Escola Politécnica da USP. Professor Titular aposentado e atual Professor Colaborador do Departamento de Engenharia Mecânica da Universidade de Taubaté onde atua como Coordenador de Pós-graduação Lato Sensu. É Diretor *ad-hoc* da *CTA Incorpoarted*, USA. Ex-Consultor da NASA e do *US Naval Weapons Laboratory*. Ex-Diretor do IAG-USP e da Agência Espacial Brasileira. Ex-Consultor do *Office of Naval Research*. Autor de 12 livros editados no Brasil, EUA, Holanda e Rússia e autor ou coautor de uma centena de artigos publicados em revistas técnicas e científicas.

www.ingramcontent.com/pod-product-compliance
Lightning Source LLC
Chambersburg PA
CBHW040319220526
45473CB00009B/2487